高等职业教育计算机类专业新型一体化教材

U0192671

C 语言项目化教程

◎ 张竞丹　张宗平　王　乐　江武汉　主编

电子工业出版社.

Publishing House of Electronics Industry

北京 · BEIJING

内 容 简 介

C 语言作为程序设计的入门语言，常常是学生在大学期间学习的第一种程序设计语言。本书通过歌曲点播、移动的笑脸、绘制心形、迷宫小游戏等趣味程序项目介绍 C 语言的基础知识和基本编程方法。这些趣味程序项目内容简单，分别从声音、图形和小游戏等角度讲解，容易使读者产生学习兴趣，易上手且易实现，且其输出结果图文并茂、形象直观，易调动读者的学习积极性。

本书共分 8 章，第 1 章概要介绍 C 语言及 Visual Studio 开发工具的使用；第 2～4 章介绍 C 语言的基础知识，包括 C 语言的基本数据类型、基本结构和数组；第 5～7 章介绍 C 语言的核心知识，包括函数、指针、结构体和共用体等；第 8 章介绍文件操作的相关知识。

本书提供配套教学设计、教学计划、教案、PPT、案例视频、源代码等资源，适合作为高等院校应用型本科、专科计算机、电子等相关专业程序设计类课程的教材。

图书在版编目（CIP）数据

C 语言项目化教程/张竞丹等主编. —北京：电子工业出版社，2021.1
ISBN 978-7-121-37492-0
Ⅰ.①C… Ⅱ.①张… Ⅲ.①C 语言—程序设计—高等学校—教材 Ⅳ.①TP312.8
中国版本图书馆 CIP 数据核字（2019）第 212656 号

责任编辑：李　静　　　　　　　　文字编辑：张　慧
印　　刷：中煤（北京）印务有限公司
装　　订：中煤（北京）印务有限公司
出版发行：电子工业出版社
　　　　　北京市海淀区万寿路 173 信箱　邮编 100036
开　　本：787×1092　1/16　　印张：12.75　　字数：326.4 千字
版　　次：2021 年 1 月第 1 版
印　　次：2023 年 12 月第 6 次印刷
定　　价：39.80 元

凡所购买电子工业出版社图书有缺损问题，请向购买书店调换。若书店售缺，请与本社发行部联系，联系及邮购电话：(010) 88254888，88258888。
质量投诉请发邮件至 zlts@phei.com.cn，盗版侵权举报请发邮件至 dbqq@phei.com.cn。
本书咨询联系方式：(010) 88254604 或 lijing@phei.com.cn。

前 言 ‖

本书在编写中期望以轻松的语言、有趣的案例来介绍 C 语言，让初学者能够愉悦地学习、快速地掌握 C 语言程序设计的相关知识。本书深入介绍 C 语言的各知识点，将趣味程序项目（歌曲点播、移动的笑脸、迷宫小游戏等）按照知识点分解为多个子项目，降低了学习的难度，并根据由易到难的顺序将各子项目分布在不同的章节中。

本书共 8 章，具体内容安排如下。

第 1 章概要介绍 C 语言及 Visual Studio 开发工具的使用。在本章中需要读者掌握 Visual Studio 的使用方法，并动手编写并实现一个简单、有趣的计算机发声程序。

第 2～4 章介绍 C 语言的基本数据类型、基本结构和数组等基础知识，并在讲解理论知识的同时提供了歌曲演奏、歌曲点播、笑脸的输出、单步移动笑脸、心形的绘制、迷宫的定义与初始化等趣味程序项目。读者在学习这部分内容时务必掌握每个知识点，以为后续的学习奠定基础。

第 5～7 章介绍函数、指针、结构体和共用体等 C 语言的核心知识，并配备了方框内单步移动笑脸符号、方框内连续移动笑脸符号、以函数优化歌曲点播程序、迷宫地图生成、迷宫游戏等趣味程序子项目，以辅助读者对理论知识的理解。这部分知识学习难度较大，需要读者花费大量的精力来理解和掌握。

第 8 章介绍了文件操作的相关知识，并提供了文件阅读器趣味程序项目。

为方便教学，本书各章均配有微课、精美电子课件、源代码等，请扫描各章的二维码观看或下载，如需索要资源，请联系 QQ（1096074593），我们将为您服务。

在学习过程中，如果读者在初始阶段遇到困难和疑惑，如对第 1 章的计算机发声程序理解困难，则建议不要过于纠结其理论知识，可以继续学习，后面的章节对知识点的详细讲解会促进读者对前面程序的进一步理解。C 语言是一门人与机器交互的语言，读者通过多练习编程就会喜爱 C 语言的。

本书的编写和整理由深圳信息职业技术学院的张竞丹、张宗平、王乐、江武汉完成，尽管我们尽了最大努力，但因水平和时间有限，书中难免存在疏漏和不足之处，恳请读者批评指正。

编 者

目 录 Ⅲ

第1章

C 语言概述

第1章微课、课件
及其他资源

初次学习 C 语言时通常会面临如下问题：

● C 语言到底是什么语言？

● 它为什么命名为 C 语言，不是 A 语言、B 语言或 D 语言呢？

● 如此"老"的 C 语言，为什么还要学习它？它有何魅力（特点）以至博得了众多程序员的青睐？

● C 语言和英语有关联吗？

● 如何学习 C 语言？是不是也要像学习英语一样学习 C 语言呢？

● C++语言又是什么？它和 C 语言有什么关系？

本章通过回答上面的问题向读者介绍 C 语言，并通过一个有趣的计算机发声程序向读者介绍 C 语言的结构特点和开发工具的使用方法。

1.1 C 语言的特点、作用与地位

C 语言到底是什么语言？

如此"老"的 C 语言，为什么还要学习它？它有何魅力（特点）以至博得了众多程序员的青睐？

相对于英语、汉语等人类之间交流的语言，C 语言是人类与机器之间交流的语言，它能够将人类的智慧赋予机器，帮助人类完成指定的任务。例如，对于复杂的科学运算而言，计算机的运算速度快、准确率高，能够将人类从烦琐的计算工作中解脱出来，避免了人类因长时间工作而产生的失误；对于危险环境下的工作，机器人、机器手臂更是将人类解脱出来……

C 语言作为一种高级语言，能够实现低级语言的功能，完成机器硬件的底层开发，在人类与机器之间嫁接了沟通的桥梁。C 语言具有以下几个主要特点。

● C 语言是一种结构化程序设计语言，以模块化的方式组织程序，层次清晰，便于调试和维护。

● C 语言具有丰富的运算符和数据类型，易于实现各类复杂的数据结构，可以更好地

描述客观世界。

● C 语言能够直接访问内存地址，进行位（bit）一级的操作，集高级语言和低级语言的功能于一体。利用 C 语言，既能够实现系统软件开发，又能够完成应用软件开发，因此其备受程序员的青睐。

● C 语言的执行效率高、可移植性强，能够广泛地移植到各种类型的计算机上。

C 语言自 20 世纪 70 年代产生至今，历经几十年之久，却仍历久弥新，其关键在于它在计算机科学领域的重要作用。

● 操作系统/驱动开发：C 语言虽然是高级语言，但是可以利用其方便地访问硬件，而且执行效率高，所以是操作系统和驱动开发的首选语言。无论是 Windows 还是 UNIX/Linux，其操作系统的大部分代码都是采用 C 语言编写的。

● 嵌入式开发：嵌入式开发是指运行在非 PC 上的，如单片机，类似操作系统或驱动的开发。

● 游戏开发：无论是网游的服务器端，还是 3D 的客户端，C/C++语言均有大量成熟的库，可以用于快速开发稳定、高效的游戏软件。

● 数据库程序：无论是 Oracle 还是 MsSQL，均提供了与 C 语言的接口，可以用于方便地开发数据库程序。

上述所罗列的仅是 C 语言的一部分应用，可以使读者有一个概要性的了解。不过，初学程序设计语言时，很难想象出 C 语言到底能够做什么。本书通过一些有趣的游戏程序来介绍 C 语言的基础知识，如迷宫游戏、机器演奏音乐、Windows 下使用计算器等程序，让读者在学习的过程中了解 C 语言的作用。本章后续会介绍一个利用计算机蜂鸣器发声的小程序，让读者初步认识 C 语言、了解 C 语言的结构特点、熟悉 C 语言的编译器。

1.2　C 语言的历史——游戏创造的惊喜

它为什么命名为 C 语言，不是 A 语言、B 语言或 D 语言呢？

C 语言的产生其实还是由一个"游戏"引起的。20 世纪 60 年代，美国 AT&T 公司贝尔实验室的研究员 Ken Thompson 突发奇想，想玩一个自己编写的模拟在太阳系航行的电子游戏——Space Travel。他找到了实验室的一台空闲机器——PDP-7，但这台机器没有操作系统，而游戏需要依赖操作系统的某些功能，于是他着手为 PDP-7 开发操作系统。1970 年，Ken Thompson 以 BCPL 语言（Basic Combined Programming Language，由剑桥大学的 Martin Richards 对 CPL 语言进行的简化而来）为基础，设计出一种更简单的且很接近硬件的 B 语言（取 BCPL 的首字母），并且用 B 语言完成了操作系统设计，这个操作系统后来被命名为——UNIX。

1971 年，同样酷爱 Space Travel 的 Dennis M.Ritchie 为了尽早玩上游戏，加入了 Thompson 的开发项目，他的主要工作是改造 B 语言。1972 年，Dennis M.Ritchie 在 B 语言的基础上设计出了一种新的语言，他取 BCPL 的第二个字母作为这种语言的名字，这就是 C 语言名字的由来。

1973 年初，Thompson 和 Ritchie 使用 C 语言完全重新编写 UNIX。此时，编程的乐趣使他们已经完全忘记了 Space Travel 游戏，转而全心全意地投入 UNIX 和 C 语言的开发中。随着 UNIX 的发展，C 语言自身也在不断地完善。

1977 年，Dennis M.Ritchie 发表了不依赖具体机器系统的 C 语言编译文本——可移植的 C 语言编译程序。1982 年，很多有识之士和美国国家标准协会为了使这个语言健康地发展下去，决定成立 C 标准委员会，建立 C 语言的标准。

1.3　初次学习 C 语言的方法和建议

> C 语言和英语有关联吗？
>
> 如何学习 C 语言？是不是也要像学习英语一样呢？

初学 C 语言，应该怎么学？像学习英语一样吗？下面给初学者一些建议和方法。

（1）把 C 语言当作一种新的语言。

学习 C 语言和学习英语有很多相似之处，有单词（关键字），有句型（控制语句）。不过，相对于英语的海量单词，C 语言的关键字只有 32 个；相对于英语的复杂句型，C 语言的控制语句只有 9 条。但是，学习 C 语言仍然和学习英语一样，有从一个量变到质变的过程，需要初学者用心记忆，多学多练，才能真正地理解 C 语言。

（2）不要被 VC、MC、TC 等词汇迷惑。

VC、MC、TC 等是 C 语言、C++语言的编译器，学习 C 语言首先要掌握 C 语言的基础知识，编译器是帮助大家编辑、调试、运行 C 语言的程序。

（3）不要放过任何一个看上去很简单的编程问题。

初学 C 语言时练习的程序都会相对简单，但却经典，能够抛砖引玉，让大家触类旁通地解决其他相似或相近的问题。所以学习之初，不要轻视那些简单的小程序，应该通过小程序的编写掌握 C 语言的基础知识，并深入理解算法，掌握问题的解决方法。

（4）如果不是天才的话，那么想学习编程就不要想着玩游戏。

（5）学习编程的秘诀——编程、编程、再编程。

只观望而不学的人、只学而不坚持的人是无法学好 C 语言的。看懂其他人写好的程序，只是懂了，而不一定是会了，因为自己再写一次的话，也许未必就能写对。只有坚持编程，才能够发现自己的欠缺之处，并及时改正。

（6）保存好自己写过的所有程序，那是最好的积累。

（7）请热爱 C 语言。

如果大家想学好 C 语言，那么只有发自内心地热爱才能够坚持不懈、不断探索。

1.4　动手开发一个小程序

> 趣味程序之音乐演奏（一）：
>
> 利用计算机的蜂鸣器发出声音。

下面通过一个简单的小程序来介绍 C 语言的开发工具、C 语言程序的上机步骤，以及 C 语言的结构特点，让大家简单感受一下 C 语言的作用。可能在学习之后，大家会望而却步，觉得没有领会，或者觉得茫然。不过没有关系，这个小程序的学习就和初学英语时学习 "How are you" 的意义是一样的，只是让大家感受一下 C 语言的作用，本书在后续的学习中会进一步深入介绍这个程序所蕴含的理论知识。

1.4.1 Visual Studio C++集成开发环境

Visual Studio C++是一个功能强大的可视化软件开发工具。自 1993 年 Microsoft 公司推出 Visual Studio C++1.0 后，随着其新版本的不断问世，Visual Studio C++已成为专业程序员进行软件开发的首选工具。本书以 Visual Studio C++为开发工具，介绍 C 语言的基础知识。

第 1 步：单击"开始"菜单，选择"所有程序"，找到"Microsoft Visual Studio"，如图 1-1 所示。

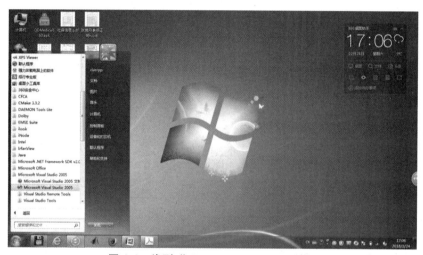

图 1-1　找到"Microsoft Visual Studio"

第 2 步：打开 Visual Studio C++编译器，如图 1-2 所示。

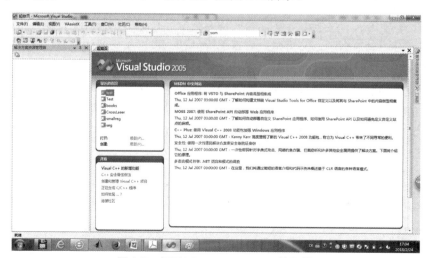

图 1-2　打开 Visual Studio C++编译器

第 3 步：新建项目。

（1）打开"文件"菜单，选择"新建"，然后选择"项目"，如图 1-3 所示。

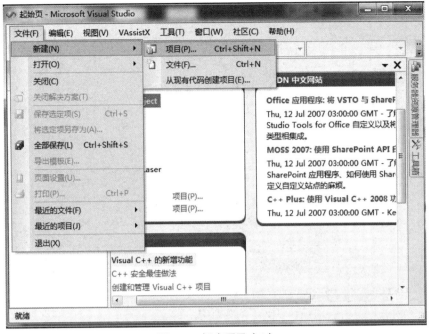

图 1-3　新建项目（1）

（2）在弹出的"新建项目"对话框中，选择"Win32 控制台应用程序"（本书所有程序均采用 Windows 控制台进行调试）。为项目命名，本例项目命名为"myproject"；选择项目的位置路径，本例项目路径为 E 盘根目录，如图 1-4 所示。

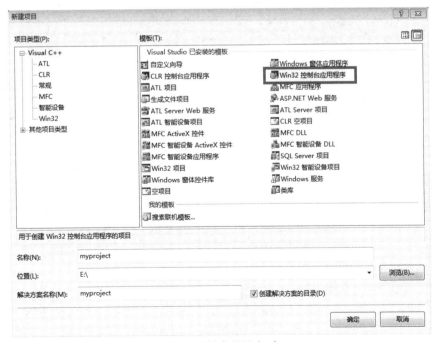

图 1-4　新建项目（2）

（3）单击"确定"按钮，完成"myproject"项目的建立，如图1-5所示。

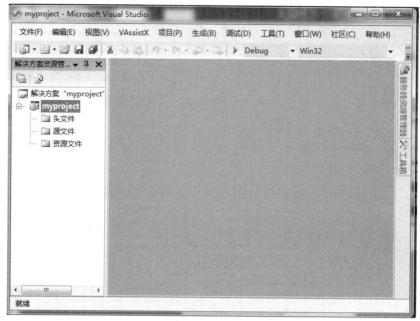

图 1-5　新建项目（3）

第 4 步：在"myproject"项目中添加源文件。

（1）选择"解决方案'myproject'"下的"源文件"，单击右键，在弹出的快捷菜单中选择"添加"，在弹出的子菜单中选择"新建项"，如图1-6所示。

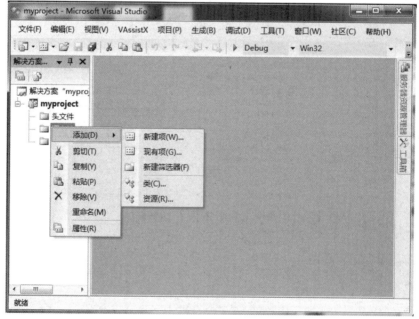

图 1-6　添加源文件（1）

（2）在弹出的"添加新项"对话框中选择 C++文件，然后为文件命名，本例文件命名为"test"（系统自动添加文件后缀名.cpp），如图1-7所示。

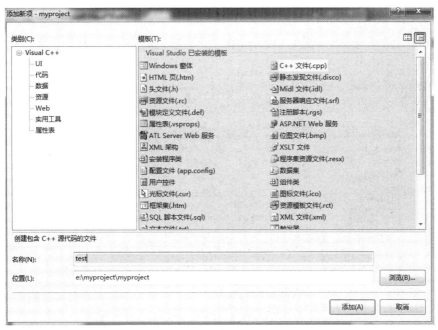

图 1-7　添加源文件（2）

（3）单击"添加"按钮，完成 test.cpp 文件的添加，如图 1-8 所示。

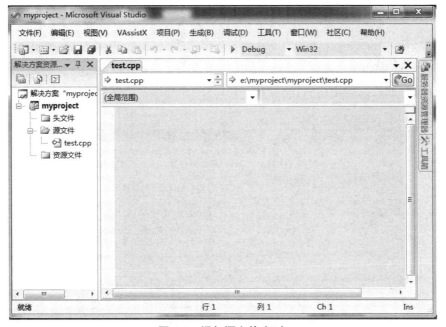

图 1-8　添加源文件（3）

第 5 步：在 test.cpp 文件中输入以下代码。

```
#include <windows.h>
void main()
{
    Beep(262,500);
}
```

第 6 步：编译并链接项目。

（1）打开"生成"菜单，选择"生成 myproject" 🗔，编译并链接项目（源文件 test.cpp），如图 1-9 所示。

（2）检查下方"输出"窗口中的输出结果。如果编译并链接不成功，则根据输出窗口中给出的错误提示检查错误修改；重新生成 myproject，直至编译并链接成功。

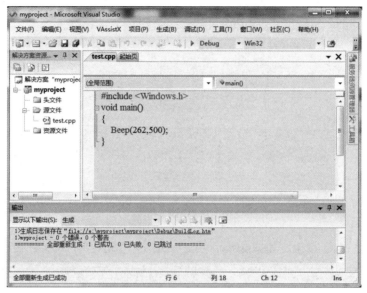

图 1-9　编译并链接项目

第 7 步：执行程序。

（1）打开"调试"菜单，选择"开始执行（不调试）"，执行程序（test.exe 文件），如图 1-10 所示。

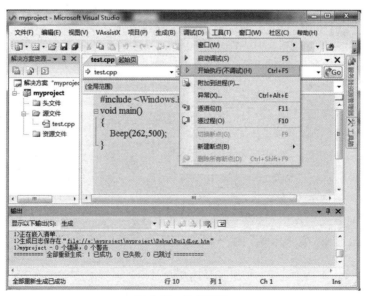

图 1-10　执行程序

（2）计算机发出"嘟、嘟……"的声音，时长 500 毫秒，屏幕输出结果如图 1-11 所示。

图 1-11　输出结果

1.4.2　一个简单有趣的计算机发声小程序

本书在 1.4.1 节中以计算机的蜂鸣器发声小程序为例，介绍了 C 语言程序的运行步骤与方法，本节将提供一个计算机发出指定声音小程序。

例 1-1　利用计算机蜂鸣器发出指定声音。

程序代码如下：

```
#include <windows.h>
void main()
{
    Beep(262,500);
}
```

这个小程序功能明确、代码简单。

1.4.3　C 语言的结构和特点

下面通过分析例 1-1，来介绍 C 语言的结构和特点。

（1）C 程序由函数构成，但至少包含一个主函数。

一个函数由两部分组成，分别为函数头（或函数首部）和函数体，如图 1-12 所示。其中，函数头中包括函数类型、函数名和形参表列；函数体用一对大括号括起来，包括变量定义和执行部分，根据函数实际编写情况可缺少其中某个部分，如例 1-1 函数体中仅有执行部分。

图 1-12　函数的结构

C 程序中可以有多个函数，但是有且只能有一个主函数，因为 C 程序从主函数开始执行。例 1-1 程序的第二行至第五行即是主函数。其中，第二行"函数头"中的主函数叫作

main，main 前面的 void 为主函数的类型（主函数返回值的类型），void 是"空"的意思，因此例 1-1 程序中主函数的类型为空类型（表明该函数在执行完毕后没有函数值）。第三行至第五行为函数体，函数体中仅有一条执行语言（第四行），Beep 是 Windows API 的发音函数（其定义在 windows.h 文件中），该函数通过控制主板扬声器的发声频率和节拍来演奏美妙的旋律，其中 Beep 形参表列中的第一个形参指定要发出的频率（Hz），第二个形参指定发音的时长，以毫秒（ms）为单位。例 1-1 中的 Beep 函数发出频率 262 的声音（类似中音"嘟"），时长 500 毫秒。

（2）C 程序书写格式自由，可以在一行内编写多条语句，但是每一条语句和数据定义的最后必须有一个分号，表示该语句结束。为便于阅读和修改程序，建议每行仅编写一条语句。

（3）为增强 C 语言的可移植性，C 语言本身没有输入/输出语句，输出/输出的功能由库函数 scanf 和 printf 等完成。

1.5　不得不提的 C++ 语言

> C++语言又是什么？和 C 语言有什么关系？

学习 C 语言不得不提的就是 C++，它们是同一类语言吗？它们有什么关系和区别呢？

C++语言是在 C 语言的基础上由贝尔实验室于 1983 年推出的。它们在很多方面是相互兼容的。

C 语言是一种结构化的程序设计语言，而 C++语言进一步扩充和完善了 C 语言，它是一种面向对象的程序设计语言。从程序设计思想角度，它们二者是截然不同的，C++语言提出的面向对象的概念能够将问题空间映射到程序空间，为程序员提供了一种新的思维方式和编程方法，增加了整个语言的复杂性，但是掌握起来有一定难度。

但是，C 语言是 C++语言的基础，C++语言和 C 语言在很多方面是相互兼容的。因此，掌握了 C 语言，再进一步学习 C++语言就能通过一种熟悉的语法来学习面向对象的语言，从而达到事半功倍的目的。

课 后 练 习

一、填空题

（1）C 语言的程序由函数构成，但至少包含一个_____；一个函数由_____部分组成。

（2）一个 C 语言的程序总是从_____函数开始执行。

（3）每条语句和数据定义的最后必须有一个_____号。

二、判断题

（1）C 语言的程序书写格式自由。（　　　）

（2）C 语言是面向对象的程序语言。（　　　）

第2章
C 语言的基本数据描述与数据运算

第2章微课、课件
及其他资源

科学运算是计算机的重要功能之一，C 语言作为人类与机器交流的语言，它如何描述数学数据与运算是本章重点讨论的内容，读者在学习过程中应重点关注以下问题。

- C 语言如何定义数学中的整数、实数，相应的描述是否一致？
- C 语言中有哪些运算符号，与数学中的运算符号有什么区别？C 语言中是否增加了其他运算符号？
- 不同类型数据的混合运算是如何实现的？

本章将通过一些简单的趣味小程序向大家介绍 C 语言中的基本数据描述和数据运算。

2.1　C 语言的数据类型

C 语言作为人类与机器交流的语言，它如何描述现实中的数据？
C 语言中有哪些常用数据类型，又有哪些特殊的类型呢？

C 语言的数据类型分为基本类型、构造类型、指针类型和空类型四大类，如图 2-1 所示。基本类型包括四类，其中，整型和实型描述数学中的整数和实数数据；字符型描述各类字符、符号和控制符；如果一个变量只有几种可能的值，如星期一至星期日，则可以定义为枚举型（如星期类型）。

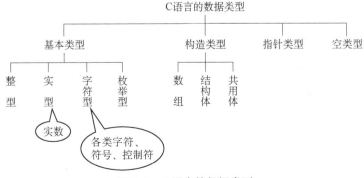

图 2-1　C 语言的数据类型

除基本类型外，C 语言用构造类型描述复杂的数据，如以数组描述一组类型相同的数据，或者以结构体封装对象属性，又或者采用共用体实现数据共享内存。

C 语言中还有一种用来表示各种变量在内存中地址的特殊数据类型——指针类型，它的存在实现了 C 语言对内存的访问，使得 C 语言能够访问内存，这是 C 语言的精华所在。

空类型在 C 语言中表示函数无返回值和泛化指针数据类型，在本书第 1 章 1.4.2 节的程序中，主函数的返回值就是空类型（void）。

无论什么类型的数据，都有常量和变量之分，下面就分别介绍数据类型中的常量和变量。

2.2 常　　量

在程序执行过程中，其值不能被改变的数据称为常量。C 语言有整数常量、实型常量、字符常量、字符串常量及符号常量，如 3、−4、1.23、'a'、4.6、"abc"等。

C 语言中可以用一个标识符代表一个常量，称为符号常量。例如，在程序中多次使用圆周率 3.1415，那么就可以在程序中预先定义符号 PI 表示常量 3.1415，程序语言描述如下：

```
#define PI 3.1415
```

其中，#define 是一个预编译命令。符号常量的值在其作用域内不能改变，也不可以再被赋值。从编程规范角度考虑，符号常量名用大写，变量名用小写，以示区别。

例 2-1　趣味程序（歌曲演奏）编写试音程序。

在本书第 1 章 1.4.2 节中介绍了一个利用计算机发出指定声音的小程序，本例题将对该小程序进行扩充和完善，完成对高、中、低多个音阶的定义，并测试各个音阶发声。

① 编程分析。

（a）关于音阶的必备知识。

● 频率与发声：人耳能听到的频率范围为 20～22000Hz。

低音 1～7：262、294、330、349、393、444、494。

中音 1～7：523、578、659、698、784、880、988。

高音 1～7：1046、1175、1318、1397、1568、1760、1976。

● 计算机编码：音阶的声音频率较难记忆，不便使用，因此采用符号常量定义音阶，极大地方便了程序的编写。可以按照键盘上三行字母的排列顺序，依次定义低音、中音和高音。

以符号常量 Z、X、C、V、B、N、M 分别定义低音 1～7。程序代码如下：

```
#define Z 262
#define X 294
#define C 330
#define V 349
#define B 393
#define N 444
#define M 494
```

以符号常量 A、S、D、F、G、H、J 分别定义中音 1～7。程序代码如下：

```
#define A 523
#define S 578
```

```
#define D 659
#define F 698
#define G 784
#define H 880
#define J 988
```

以符号常量 Q、W、E、R、T、Y、U 分别定义高音 1～7。程序代码如下：

```
#define Q 1046
#define W 1175
#define W 1318
#define R 1397
#define T 1568
#define Y 1760
#define U 1976
```

（b）函数 Beep。

● 功能：使扬声器发出简单的声音。

● 函数原型：BOOL Beep（DWORD dwFreq，DWORD dwDuration）。

● 参数：

dwFreq：声音频率，单位为赫兹（Hz）。

dwDuration：发声时长，单位为毫秒（ms）。

● 注意：调用这个函数时需要加上头文件 windows.h。

● 示例：

```
Beep(1000,1000);    /*长嘟声*/
Beep(1000,100);     /*嘟的一声*/
Beep(1000,10);      /*极短的嘟声*/
Beep(100,1000);     /*类似长电门的声音*/
Beep(500,1000);     /*长 BIOS 警报声*/
```

② 程序代码。

程序代码如下：

```
#include <windows.h>
/*中音*/
#define A 523
#define S 578
#define D 659
#define F 698
#define G 784
#define H 880
#define J 988
/*高音*/
#define Q 1046
#define W 1175
#define E 1318
#define R 1397
#define T 1568
#define Y 1760
#define U 1976
/*低音*/
#define Z 262
#define X 294
#define C 330
```

```
#define V 349
#define B 393
#define N 444
#define M 494
void main()
{
  Beep(Z,1000);
  Beep(X,1000);
  Beep(C,1000);
  Beep(V,1000);
  Beep(B,1000);
  Beep(N,1000);
  Beep(M,1000);
  Beep(A,1000);
  Beep(S,1000);
  Beep(D,1000);
  Beep(F,1000);
  Beep(G,1000);
  Beep(H,1000);
  Beep(J,1000);
  Beep(Q,1000);
  Beep(W,1000);
  Beep(E,1000);
  Beep(R,1000);
  Beep(T,1000);
  Beep(Y,1000);
  Beep(U,1000);
}
```

③ 执行结果。

执行后，计算机蜂鸣器依次从低音到高音进行演奏。

2.3 变　　量

在程序执行过程中，其值可以改变的量称为变量。每一个变量都应该有一个名字，并在内存中占据一定的存储单元，该存储单元中存放该变量的值。变量的命名要符合标识符的命名规则。

2.3.1 标识符

在程序中使用的变量名、函数名、标号等统称为标识符。除库函数的函数名由系统定义外，其余都由用户自定义。C 语言规定，标识符只能是由字母（A~Z，a~z）、数字（0~9）、下画线（_）组成的字符串，并且其第一个字符必须是字母或下画线。

使用标识符时必须注意如下几点要求。

● 标准 C 语言不限制标识符的长度，但它受 C 语言的编译器及具体机器的限制。

● 在标识符中，大小写是有区别的，如 BOOK 和 book。

● 标识符虽然可以由用户随意定义，但标识符是用于标识某个量的符号，命名时应尽量使其有相应的意义，以便阅读和理解。

2.3.2　关键字

关键字是指由 C 语言规定的、具有特定意义和用途的字符串，又称保留字。ANSI C 标准规定的关键字有 32 个，如表 2-1 所示。关键字都是由小写字母组成，合法的用户标识符不应与关键字相同。

表 2-1　关键字分类表格

关键字类型	关键字
数据类型（12 个）	int、double、float、char long、short signed、unsigned struct union enum void
存储类型（4 个）	auto、static、register、extern
控制语句（12 个）	for、do、while break、continue switch、case、default if、else goto return
其他（4 个）	const、volatile、sizeof、typedef

2.3.3　变量的定义

变量定义的一般形式：

```
类型名 变量名;
```

使用变量时必须注意如下几点要求。
- 变量要先定义、后使用，否则会出现编译错误。
- 变量名遵循标识符命名规则。
- 类型名用来定义变量的数据类型，在编译时应按照其类型为其分配相应的存储单元，并检查该变量所进行的运算是否合法。
- 在相同作用域中，不同的变量不能使用相同的变量名。

2.4　整　　型

与数学中的整数相对应，在 C 语言中整型分为整型常量和整型变量。

2.4.1　整型常量

整型常量是指数学中的整数，其数值在整个程序运行过程中不允许改变，如 5、3、−1、0 等。C 语言的整型常量有三种表示形式。
- 十进制：无前导符，编码符号的取值范围为 0～9，如 321、901、−380 等。

● 八进制：以 0 作为前导符，编码符号的取值范围为 0～7，如 0137，即 $(137)_8$，等于十进制 95。

● 十六进制：以 0x 作为前导符，编码符号的取值范围为 0～F，如 0x137，即 $(137)_{16}$，等于十进制 311。

2.4.2 整型变量

C 语言的整型变量的定义方法：

```
类型说明符  变量名,变量名,...;
```

整型变量的变量名遵循标识符命名规则；C 语言中整型变量的类型根据所定义的整型变量的数值大小，可以更恰当地描述该整型变量为基本型、短整型、长整型和无符号整型。

（1）基本型：以 int 表示，是最为常用的整型变量类型，在 VS.NET 开发工具（以 32 位机器和对应的 32 位操作系统为例，本书后面的开发环境在不做特殊说明的情况下都与此一致）中该类型占 4 字节，所表示的整型变量的数值范围为 −2147483648～2147483647（-2^{31}～$2^{31}-1$）。

（2）短整型：以 short int 或 short 表示。早期由于计算机内存较为珍贵，为节省内存，将数值较小的整型变量定义为短整型，短整型所占字节是基本型 int 的一半，在 VS.NET 开发工具中短整型占 2 字节，所表示的整型变量的数值范围为 −32768～32767（-2^{15}～$2^{15}-1$）。随着计算机硬件技术的快速发展，机器内存不断增大，短整型的使用机会越来越少。

（3）长整型：以 long int 或 long 表示。对于一部分数值较大的整型变量，已无法用基本型 int 描述，于是定义了长整型变量。在 VS.NET 开发工具中长整型占 4 字节，描述的数值范围为 −2147483648～2147483647（-2^{31}～$2^{31}-1$）。

（4）无符号整型：以 unsigned 表示。在很多具体问题中，所描述的整型变量都为大于或等于零的整数，因此可以把符号位用来表示数值，即无符号整型。其存储单元所有二进位（bit）都用作存放数值本身，扩展了实际能够描述的数值范围。例如，unsigned int 在 VS.NET 开发工具中占 4 字节，描述的数值范围为 0～4294967295（$0～2^{32}-1$）。

C 语言没有具体规定以上各类型数据所占的内存字节数，因此各种整型变量的数据长度与机器的字长有关。

以 VS.NET 开发工具为例，各类型的整型变量所能描述的数值范围如图 2-2 所示。

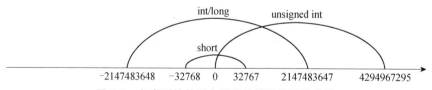

图 2-2　各类型的整型变量所能描述的数值范围

变量必须先定义、后使用，定义语句一般放在函数体的开头部分。

例如：

```
int a,b,c;        /*a,b,c为整型变量*/
long x,y;         /*x,y为长整型变量*/
unsigned int p,q; /*p,q为无符号整型变量*/
```

在书写变量说明时，应注意以下几点。

● 允许在一个类型说明符后，说明多个相同类型的变量；各变量名之间用逗号间隔；类型说明符与变量名之间至少用一个空格间隔。

● 最后一个变量名之后必须以;号结尾。

例 2-2 已知 a=123、b=456，求两整数之和 sum。

① 编程分析。

（a）数据结构。

类型	题目要求	形式语言（C）的表达
已知数据	整型变量 a、b	2 个整型（int）变量：a*、b
输出数据	2 个整数之和	1 个整型（int）变量：sum

（b）算法。

算法流程	形式语言（C）的表达
求和	a+b→sum
输出	利用函数 printf 输出结果

② 程序代码。

程序代码如下：

```
#include <stdio.h>
void main()                        /*主函数*/
{
  int a=123,b=456,sum;             /*定义变量*/
  sum=a+b;                         /*求 a 与 b 的和*/
  printf("sum=%d",sum);            /*输出结果*/
}
```

③ 执行结果。

例 2-2 执行结果如图 2-3 所示。

图 2-3 例 2-2 执行结果

例 2-3 在一个笼子里同时养着一些鸡和兔子，其中鸡和兔的总头数 16、总脚数 40，请计算鸡和兔各多少只？

① 编程分析。

（a）数据结构。

---

* 注：为了便于阅读，本书中正文和代码中的字母或变量均为正体。

类型	题目要求	形式语言（C）的表达
已知数据	鸡与兔总头数 h； 鸡与兔总脚数 f	2 个整型（int）变量：h、f 其中，h=16、f=40
输出数据	鸡的数量 x； 兔的数量 y	2 个整型（int）变量：x，y

（b）算法：根据题意分析如何计算鸡和兔的只数。

算法流程	形式语言（C）的表达
求解	根据题意列出下列方程： $$\begin{cases} x+y=h \\ 2x+4y=f \end{cases}$$ 解方程得： $$\begin{cases} x=h-y \\ y=\dfrac{f-2h}{2} \end{cases}$$
输出	利用函数 printf 输出 x 和 y 的结果

② 程序代码。

程序代码如下：

```
#include <stdio.h>
void main()
{
  int h,f,x,y;
  h=16;
  f=40;
  y=(f-2*h)/2;
  x=h-y;
  printf("cock=%d,rabbit=%d",x,y);
}
```

③ 执行结果。

例 2-3 执行结果如图 2-4 所示。

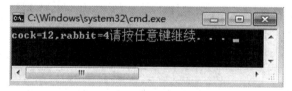

图 2-4 例 2-3 执行结果

注意：C 语言中的乘法运算与数学中的乘法运算在表述上的区别，如数学中 2h 表示 2×h，而 C 语言中的乘号不可省略，并以*号表示。

2.5 实 型

C 语言中的实型与数学中的实数相对应。C 语言中的实型同样也分为实型常量和实型变量。

2.5.1　实型常量

实型也称浮点型，实型常量也称实数或浮点数。在 C 语言中，实型常量有两种表示形式。

（1）十进制小数形式：由数码 0～9 和小数点组成（必须有小数点），如 0.5、1234.576、−1.0。

（2）指数形式：指数形式的格式由三部分组成——十进制小数或十进制整数常量部分（系数部分）、e（或 E）及指数部分。其中，指数部分是指 e（或 E）后跟整数阶码（可带符号的整数指数）。注意，字母 e（或 E）之前必须有数字，且 e 后面的指数必须为整数，如 2.1E5（$2.1×10^5$）、3.7e−2（$3.7×10^{-2}$）、0.5e7（$0.5×10^7$）、−2.8E−2（$−2.8×10^{-2}$）。

标准 C 语言允许浮点数使用后缀，若后缀为 f 或 F 即表示该数为浮点数。

使用实型常量时必须注意如下几点要求。

● 所有实型常量都被默认为 double 型，按双精度数据处理。

● 指数形式的实型常量，其"系数部分""e（或 E）"和"指数部分"三个基本部分都不可缺少。

2.5.2　实型变量

C 语言的实型变量的定义方法与整型变量定义方法一致：

```
类型说明符　变量名,变量名,...;
```

实型变量的变量名遵循标识符命名规则；实型变量的类型分为单精度型（float）、双精度型（double）和长双精度型（long double）。

（1）单精度型：以 float 表示，是最为常用的实型变量，在 VS.NET 开发工具中该类型占 4 字节，能够表示小数点后精度为 6～7 位的小数。

（2）双精度型：以 double 表示，在 VS.NET 开发工具中该类型占 8 字节，能够表示小数点后精度为 15～16 位的小数。

（3）长双精度型：以 long double 表示，在 VS.NET 开发工具中该类型占 16 字节，能够表示小数点后精度为 18～19 位的小数。

C 语言没有具体规定以上实型变量所占的内存字节数，各种实型变量的数据长度与开发工具有关。

实型变量必须先定义、后使用，定义语句一般在函数体的开头部分。

例如：

```
float x,y;       /*指定标识符 x,y 为单精度实型变量*/
double a,b,c;    /*指定标识符 a,b,c 为双精度实型变量*/
```

使用实型变量时必须注意如下几点要求。

● 实型变量默认是双精度型，在赋值表达式中可以将其指定为单精度型，如 a=5.2f。

● 一个实型常量可以赋给一个 float 型变量或 double 型变量，并根据变量的类型截取实型常量中相应的有效数字。

例 2-4 已知 a=123、b=456，求两个整数的平均值。

① 编程分析。

（a）数据结构。

类型	题目要求	形式语言（C）的表达
已知数据	2 个整型变量 a、b	2 个整型（int）变量：a、b
输出数据	平均值	1 个实型（float）变量：average

（b）算法。

算法流程	形式语言（C）的表达
求和	a+b→sum
平均值	$\dfrac{sum}{2}$→average
输出	利用函数 printf 输出 average 的结果

② 程序代码。

程序代码如下：

```
#include <stdio.h>
void main()
{
  int a=123,b=234;
  int sum;
  float average;
  sum=a+b;
  average=sum/2;
  printf("Average=%f\n",average);
}
```

③ 执行结果。

例 2-4 执行结果如图 2-5 所示。

图 2-5　例 2-4 执行结果

（4）测试分析。

正确结果应该为 178.5，为什么会出现如图 2-5 所示的错误呢？

请注意，sum/2 中 sum 和 2 都为整型。在 C 语言中，两个整数相除的结果为整数，因而计算结果丢失精度。可以修改数据的类型以解决此类问题。解决例 2-4 的问题有以下两种方法。

① 将 sum 修改为实型变量类型（float）。

② 将 2 改写为 2.0，使运算改为整数对实数的除法运算。

修改后的执行结果如图 2-6 所示。

图 2-6　例 2-4 修改后的执行结果

例 2-5　已知圆球的半径 r=1.5，求圆球的周长、面积和圆球的体积。

① 编程分析。

（a）数据结构。

类型	题目要求	形式语言（C）的表达
已知数据	半径 r	1 个实型（double）变量：r =1.5
输出数据	周长 c 面积 s 体积 v	3 个实数（double）变量：c、s、v

（b）算法。

算法流程	形式语言（C）的表达
求周长	$c=2\pi r$
求面积	$s=\pi r^2$
求体积	$v=\dfrac{4}{3}\pi r^3$
输出 c、s、v	利用函数 printf 输出 c、s、v 的结果

② 程序代码。

程序代码如下：

```c
#include <stdio.h>
void main()
{
  double r=1.5,c,s,v;
  double PI=3.1415926;
  c=2*PI*r;
  s=PI*r*r;
  v=4/3*PI*r*r*r;
  printf("c=%f\ns=%f\nv=%f\n",c,s,v);
}
```

③ 执行结果。

例 2-5 执行结果如图 2-7 所示。

图 2-7　例 2-5 执行结果

④ 思考问题。

（a）为什么 v 的计算结果（10.602875）与数学中计算结果（14.137167）不同？

原因在于 4/3=1，整型数据与整型数据相除，结果仍为整数。

解决方案如下：

- 改为 4.0/3.0；
- 使用强制类型转换（double）4/3。

（b）变量 PI 的值在整个程序中未发生改变，是否可声明为符号常量？

```
#define PI 3.1415926
```

（c）s=PI*r*r 和 v=4/3*PI*r*r*r 中 r 的连乘是否可用数学函数表述？

```
s=PI*sqr(r) 和 v=4/3*PI*pow(r,3)
```

此时，函数 sqr 和函数 pow 的定义在 math.h 文件中，在程序开始处需要包含此文件。

2.6 字 符 型

C 语言不仅能够处理数值数据（如整型数据、实型数据），而且还能够处理字符型数据（键盘上的各类符号或控制符），字符型同样也分为字符型常量和字符型变量。

2.6.1 字符型常量

字符型常量是用单引号括起来的一个字符，如'a'、'b'、'='、'+'、'?' 等。注意，'a'中的单撇号只是分界符，表示字符型常量的起止范围，它本身不是字符常量的一部分，a 为字符常量，在程序中使用'a'的描述形式可以避免和变量 a 发生混淆。

C 语言中，字符型常量有以下特点。

- 字符型常量只能用单引号括起来，不能使用双引号或其他括号。
- 字符型常量只能是单个字符，不能是字符串。
- 字符型常量'0'～'9'与整型常量 0～9 是不同的，前者为字符型，在参与数值运算时其数值不是 0～9，而是其对应的 ASCII 码值。

例 2-6 分析程序的执行结果。

① 程序代码。

程序代码如下：

```
#include <stdio.h>
void main()
{
  int a='0'+1;
  int b=0+1;
  printf("a=%d  b=%d\n",a,b);
}
```

② 执行结果。

例 2-6 执行结果如图 2-8 所示。

图 2-8　例 2-6 执行结果

③ 执行结果分析。

'0'为字符型常量，在参与数值运算时其数值不是 0，而是其对应的 ASCII 码值 48，所以 a 的值为 49。

2.6.2　字符型变量

字符型变量用来存放字符型常量，其定义方法与整型变量定义方法一致：

```
类型说明符  变量名,变量名,...;
```

字符型变量的变量名遵循标识符命名规则；字符型变量的类型说明符是 char，每个字符型变量被分配 1 字节的内存空间，因此只能存放 1 个字符。

例如：

```
char ch1='a';
char ch2='\n';
```

例 2-7　趣味程序（移动的笑脸符号）在屏幕上输出笑脸符号。

① 编程分析。

笑脸符号是 ASCII 码表中 ASCII 码值为 2 的符号。

② 程序代码。

程序代码如下：

```
#include <stdio.h>
void main()
{
  printf("%c\n",2);
}
```

③ 执行结果。

例 2-7 执行结果如图 2-9 所示。

图 2-9　例 2-7 执行结果

例 2-8　从键盘输入一个大写字母，要求改用相应的小写字母输出。

① 编程分析。

（a）数据结构。

类型	题目要求	形式语言（C）的表达
输入数据	任意 1 个大写字母	1 个字符型（char）变量：c

类型	题目要求	形式语言（C）的表达
输出数据	与输入的大写字母对应的小写字母	1 个字符型（char）变量：c

（b）算法。

算法流程	形式语言（C）的表达
输入任意 1 个大写字母	利用函数 scanf 读取从键盘输入的大写字母，并存放在字符型变量 c 中
利用任意对应大小写字母的 ASCII 之间的差值都相等的特点，求输入大写字母对应的小写字母	c=c+'a'-'A';
输出 c	利用函数 printf 输出 c 的结果

② 程序代码。

程序代码如下：

```c
#include <stdio.h>
void main()
{
  char c;
  scanf("%c",&c);
    c=c+'a'-'A';
    printf("%c",c);
}
```

③ 执行结果。

例 2-8 执行结果如图 2-10 所示。

图 2-10　例 2-8 执行结果

2.6.3　字符串常量

C 语言的字符串常量是一对双引号括起来的字符序列，如"China" "How do you do?"。注意，字符串常量和字符型常量是不同的量。

● 表现形式：字符型常量由单引号括起来，字符串常量由双引号括起来。

● 赋值形式：可以把字符型常量赋值给字符型变量，但不能把字符串常量赋值给字符型变量；C 语言中没有相应的字符串变量。

● 存储形式：字符型常量占 1 字节的内存空间；字符串常量所占内存字节数等于字符串中的字符数加 1，增加的字节中存放字符'\0' （ASCII 码为 0），'\0'是字符串结束的标志。

例如，'a'和"a"是不同的。字符常量'a'占 1 字节，表示为

a

字符串常量"a"占 2 字节，表示为

a	\0

但在输出时不输出'\0'。

2.6.4　ASCII 码表部分字符特点及转义字符

（1）ASCII 码表部分字符特点。

① 字符 0～9 在 ASCII 码表中顺序排列，它们的 ASCII 码值范围为 48～57。

② 字符 A～Z、a～z 在 ASCII 码表中分别顺序排列，它们的 ASCII 码值范围为 65～90、97～122，其中小写字母的 ASCII 码值比与之对应的大写字母的 ASCII 码值大 32。

（2）转义字符。

转义字符是一种特殊的字符常量，以反斜线\开头，后跟一个或几个字符，用于将反斜线\后面的字符转换成新的字符，主要用来表示那些用一般字符不便表示的控制代码。例如，程序中常见的'\n'表示换行；'\0'表示空操作字符，常用于字符串中作为字符串的结束标志。常用转义字符见表 2-2。

表 2-2　常用转义字符表

字符形式	功能	字符形式	功能
\n	换行	\f	走纸还页
\t	横向跳格	\\	反斜杠字符\
\v	竖向跳格	\'	单引号字符
\b	退格	\ddd	1～3 位八进制数所代表的字符
\r	回车	\xhh	1～2 位十六进制数所代表的字符

2.7　数据类型转换

C 语言存在整型、实型及字符型三种基本数据类型。其中，整型还包括基本型、短整型、长整型和无符号型；实型变量还包括单精度型、双精度型和长双精度型。因此，在表达式运算的过程中，必然存在如何保留混合数据类型的运算精度的问题，即数据类型转换问题。C 语言中的数据类型转换包括自动类型转换和强制类型转换两种方法。

2.7.1　自动类型转换

自动类型转换发生在不同数据类型混合运算时，由编译系统自动完成。数据类型混合运算遵循"先转换、后运算"的执行原则。自动类型转换遵循按数据长度增加的方式进行，并遵循精度不降低的原则，如图 2-11 所示。

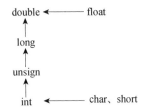

图 2-11　C 语言默认的自动类型转换原则

例 2-9 分析例 2-5 中求圆球体积的过程中自动类型转换过程。

$$v=\frac{4}{3}\pi r^3$$

① 程序代码。

程序代码如下：

```
#include <stdio.h>
void main()
{
  double r=1.5,c,s,v;
  double PI=3.1415926;
  v=4/3*PI*r*r*r;
  printf("v=%f\n",v);
}
```

② 执行结果分析。

例 2-9 执行结果如下。

```
v=10.602875
```

而数学中计算结果为 14.137167。

产生误差的原因是，在程序中 4/3=1，整型数据与整型数据相除，没有发生类型转换，结果仍为整数。

解决方法可参见本书讲解的强制类型转换的方法。

例 2-10 根据程序，分析程序执行后的输出结果（提示：'a'的 ASCII 码为 97）。

① 程序代码。

程序代码如下：

```
#include <stdio.h>
void main()
{
  char c;
  c='b';
  printf("%c %d\n",c,c);
}
```

② 编程分析。

字符型变量 c 若按照整型输出，则输出其所对应的 ASCII 码。已知'a'的 ASCII 码为 97，在 ASCII 码表中'b'位于'a'的后面，所以其 ASCII 码为 98。

③ 执行结果。

例 2-10 执行结果如图 2-12 所示。

图 2-12 例 2-10 执行结果

2.7.2 强制类型转换

在编程过程中，可以利用强制类型转换的方法将一个表达式转换为所需的类型。例如：

```
(double)a                    /*将 a 转换为 double 类型*/
(int)(x+y)                   /*将(x+y)的值转换为整型*/
(float)(5%3)                 /*将 5%3 的值转换为 float 类型*/
(int)(1.5+2.3)= 3
(int)1.5+2.3=3.3
```

从高到低的强制转换实质上就是执行一个截断操作，该操作只保留低精度需要的部分，其余的部分直接扔掉了。表达式(int)(1.5+2.3)中将(1.5+2.3)的结果 double 类型常量 3.8 强制转换为 int 类型，把小数点后的高精度部分截取掉，留下低精度的整数部分 3。在表达式(int)(1.5+2.3)中按照自动类型转换规则，将低精度 int 常量 1.5 转换为 double 类型常量 1.0，然后与 double 类型常量 2.3 相加，结果为 3.3。

例 2-11　解决例 2-5 中求圆球体积过程中的计算误差问题。

① 程序代码。

程序代码如下：

```
#include <stdio.h>
void main()
{
  double r=1.5,c,s,v;
  double PI=3.1415926;
  v=(double)4/3*PI*r*r*r;
  printf("v=%f\n",v);
}
```

② 执行结果。

例 2-11 执行结果如图 2-13 所示。

图 2-13　例 2-11 执行结果

2.8　算术运算符和算术表达式

介绍了 C 语言中的三种基本数据类型，接下来就要涉及数据的运算，本书首先介绍的就是数学中的算术运算——加法、减法、乘法和除法。C 语言中的算术运算和数学中的算术运算有差别吗？

2.8.1　基本的算术运算符

C 语言中运算符的优先级和结合性和数学中一致：先乘除后加减；运算顺序自左至右。基本的算术运算符如表 2-3 所示。

表 2-3　基本的算术运算符

算术运算符	说明	举例	注意事项
+	加法运算符或正值运算符	3+5、+3	
−	减法运算符或负值运算符	5−2、−2	
*	乘法运算符	3*5	
/	除法运算符	5/3	请注意此结果为整型，舍去小数，因为 5 与 3 都是整型,运算过程中没有发生类型的转换,结果必定是整型。此例中如果运算量中有一个是实型，则结果为双精度实型
%	求余运算符（模运算符）		要求参与运算的数据均为整型

2.8.2　自增、自减运算

（1）自增 1 运算符为++，其功能是使变量的值自增 1。

（2）自减 1 运算符为−−，其功能是使变量的值自减 1。

（3）自增 1 运算符、自减 1 运算符均为单目运算，都具有右结合性，可有以下几种形式。

① ++i：i 自增 1 后再参与其他运算。

例如，

```
int i=2;
++i;
```

首先，计算 i=i+1，那么 i 的值为 3。

然后，赋值++i=i，那么++i 表达式的值为 3。

② i++：i 参与运算后，i 的值再自增 1。

例如，

```
int i=2;
i++;
```

首先，赋值 i++=i，那么 i++ 表达式的值为 2。

然后，计算 i=i+1，那么 i 的值为 3。

③ −−i：i 自减 1 后再参与其他运算。

例如，

```
int i=2;
--i;
```

首先，计算 i=i−1，那么 i 的值为 1。

然后，赋值−−i=i，那么−−i 表达式的值为 1。

④ i−−：i 参与运算后，i 的值再自减 1。

例如，

```
int i=2;
i--;
```

首先，赋值 i--=i，那么 i--表达式的值为 2。

然后，计算 i=i-1，那么 i 的值为 1。

（4）使用自增、自减运算时应注意如下几点要求。

① 自增 1 运算符、自减 1 运算符只能用于变量，而不能用于常量和表达式。

② ++和--的结合方向是自右至左的。

2.8.3　算术表达式

由算术运算符和括号将运算对象连结起来的，符合 C 语言语法规则的式子称为算术表达式。其中，运算对象包括常量、变量和函数等。在多类型不同变量的混合运算中，遵循本书介绍的数据类型转换原则。

课 后 练 习

一、选择题

（1）在下面标识符中，不合法的用户标识符为____。

A. a_10　　　　　　　B. a#b　　　　　　　C. Pad　　　　　　　D. _124

（2）判断下列标识符中合法的标识符为____。

A. BOOK_1　　　　　B. _3x　　　　　　　C. x　　　　　　　　D. -3x

E. s*T　　　　　　　F. a　　　　　　　　G. bowy-1　　　　　H. sum5

I. 3s

（3）下列属于实数类型的是____。

A. 0.0　　　　　　　B. 0　　　　　　　　C. 25.0　　　　　　D. 25

E. 5.789　　　　　　F. 0.13　　　　　　　G. 5.0　　　　　　　H. 300.0

I. -267.8230　　　　J. 3

（4）下列属于字符型常量的是____。

A. "abc"　　　　　　B. "b"　　　　　　　C. '\n'　　　　　　　D. "A"

（5）下面的变量说明中____是正确的。

A. char　a，b，c；　B. char　a，b，c　　C. char：a，b，c；　D. char　a；b；c；

（6）以下不是合法的实数类型是____。

A. 345.0　　　　　　B. 345　　　　　　　C. E7　　　　　　　D. -5

E. 53.-E3　　　　　F. 2.7E

二、填空题

（1）C 语言中的标识符可以由三种字符组成，它们分别是_____、_____、_____，并且第一个字符必须是字母或_____。

（2）把 a、b 定义为双精度实型变量的定义语句是_____。

（3）以下程序运行后的输出结果是_____。

```
#include <stdio.h>
void main()
{
    char m='B';
    m=m+3;
  printf("%c",m);
}
```

（4）执行下面的程序段后，a 的值为_____。

```
#include <stdio.h>
void main()
{
    int a,b;
    a=300;
    b=20;
    a=a+b;
    b=a-b;
    a=a-b;
  printf("%d",a);
}
```

（5）写出下列表达式运算后 a 的值，假设初始值 a=12。

a+=a;　　　　　　　a=_____

a−=2;　　　　　　　a=_____

a*=2+3;　　　　　　a=_____

a/=a+a;　　　　　　a=_____

a%=(n%=2);　　　　a=_____（注：n 的值为 5）

a+=a−=a*=a;　　　　a=_____

（6）执行下面的程序段后，b 的值为_____。

```
float a=6.5;
int b=a;
```

三、判断题

（1）在 C 程序中，APH 和 aph 代表不同的变量。（　　　）

（2）对整型变量可进行自增运算或自减运算，而对常量或表达式不可以。（　　　）

（3）各种基本数据类型的存贮空间的长度，按大小排列为 char＜long＜int＜float＜double。
（　　　）

第 3 章

C 语言的基本结构

 第 3 章微课、课件
及其他资源

本书在第 1 章介绍 C 语言的学习方法时，曾介绍学习 C 语言的过程和学习英语过程较为相似，但是 C 语言的关键字相对于英语中的单词少之又少，C 语言的语句结构也比英语句型少且简单。本章将详细介绍 C 语言的基本结构和控制语句。

● 机器本身是非智能的，需要人类将自己的智慧赋予机器，由机器完成指定的任务。那么，人类如何描述自己的思想和意图，如何将复杂的任务清晰地表述出来呢？

● 语言是沟通的桥梁，语言的表述要遵循一定的规则和规律。汉语和英语都有相应的语法和句型，那么 C 语言有哪些"语法"（基本结构）和"句型"（控制语句）呢？

本章简要概述算法的相关知识，让读者了解如何向计算机描述自己的思想和意图；介绍流程图的画法，将复杂的任务通过简单清晰的流程图表达出来；详细地介绍 C 语言的三种基本结构和控制语句。同时，本章将补充"音乐演奏"和"移动笑脸"这两个趣味程序的设计和编写，使读者通过这两个小程序体会程序设计的过程。

3.1　算　　法

机器本身是非智能的，需要人类将自己的智慧赋予机器，由机器完成指定的任务。那么，人类如何描述自己的思想和意图，如何将复杂的任务清晰地表述出来呢？答案就是：算法。

3.1.1　算法的概念

算法是指为解决某一问题而采取的方法和步骤，或者对解决问题步骤的精确描述。算法是程序设计的灵魂，它解决了"做什么"和"如何做"的问题。例如，"拳法的动作图解"就是拳法的算法，它详细地描述了拳法的动作和动作的先后顺序；歌曲的乐谱也可以称为歌曲的算法，它指定了演奏歌曲的每一个步骤。本书所讨论的算法是针对计算机而言的，它帮助程序员详细地描述自己的思想，清晰地表达任务的操作步骤，给计算机赋予智能。

3.1.2　算法的描述方法

下面介绍算法的三种描述方法。

1. 用自然语言描述算法

自然语言就是人与人交流的语言，表述通俗易懂，但是文字多，对于复杂的程序而言其表述方式太烦琐。因此，通常不使用自然语言描述算法。

例 3-1　有 2 个学生，要求将他们之中成绩为优秀的学生的学号和成绩打印出来。

① 数据定义。

用 n 表示学生学号，n1 代表第一个学生的学号，n2 代表第 2 个学生的学号。用 g 代表学生成绩，g1 代表第 1 个学生的成绩，g2 代表第 2 个学生的成绩。

② 用自然语言描述算法。

S1：n1。

S2：如果 g1>=90，则打印 n1 和 g1，否则不打印。

S3：n2。

S4：如果 g2>=90，则打印 n2 和 g2，否则不打印。

在本例中，可以考虑用整型变量 i 作为下标，用它来控制序号（第 i 个学生，第 i 个成绩）。

S1：i=1。

S2：如果 gi>=90，则打印 ni 和 gi，否则不打印。

S3：i=i+1=2。

S4：如果 gi>=90，则打印 ni 和 gi，否则不打印。

例 3-2　有 30 个学生，要求将他们之中成绩为优秀的学生的学号和成绩打印出来（以自然语言方法描述）。

根据例 3-1 的分析，对 30 个学生成绩的筛选要写 60 条自然语句吗？肯定不是，程序的编写是为了方便快捷地处理、解决问题，需要更简练地描述问题。同时，可以考虑当 i 超过 30 时，表示已对 30 个学生的成绩处理完毕，算法结束。

① 数据定义。

用 n 表示学生学号，ni 代表第 i 个学生的学号（i∈[1, 30]）。用 g 代表学生成绩，gi 代表第 i 个学生的成绩（i∈[1, 30]）。

② 用自然语言描述算法。

S1：i=1。

S2：如果 gi>=90，则打印 ni 和 gi，否则不打印。

S3：i=i+1。

S4：如果 i<=30，则执行 S2，否则程序结束。

2. 用流程图描述算法

流程图采用各种几何图形、流程线及文字说明来描述程序的执行过程。以流程图描述算法直观形象、易于理解、便于修改。流程图中一些常用的符号如表 3-1 所示。

表 3-1　流程图图例表

符号	说明
⬭	程序的"开始"或"结束"

续表

符号	说明
▭	执行步骤
▱	输入/输出指令
◇	条件的判断和分支选择
◯ ◯	连接符
↓ ↑	控制流方向

绘制流程图时应注意如下几点要求。

● 抓住解决问题的主线。

● 流程图中的每一个步骤都有机会被执行。

● 根据不同结构设计不同的流程结构。

● 结构内部不能出现"死循环"。

例 3-3　有 30 个学生，要求将他们之中成绩为优秀的学生的学号和成绩打印出来（以流程图方法描述）。

例 3-3 的流程图如图 3-1 所示，与自然语言相比，使用流程图来描述更简洁、更清晰，并且从结构上更接近 C 语言描述。

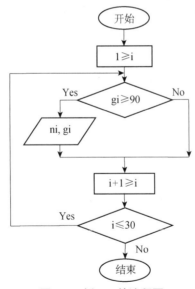

图 3-1　例 3-3 的流程图

3. 用伪代码描述算法

伪代码是描述算法的一种方法，其结构清晰、代码简单、可读性好、不拘泥于具体实现，更类似自然语言，主要用于描述程序的执行过程。

例 3-4　输出 x 的绝对值。

伪代码描述算法如下。

```
输入变量 x
若 x 为正
    输出 x
否则
    输出 -x
```

3.2　C 语言的基本结构与语句

> C 语言中有哪些"语法"（基本结构）和"句型"（语句类型）呢？与英语相比，C 语言在"语法结构"和"句型"方面数量少、结构相对简单。
>
> 本书重点讲解 C 语言的三种基本结构和五种语句类型。

3.2.1　C 语言的基本结构

C 语言是一种结构化程序设计语言，它采用模块化设计将复杂的计算任务划分为多个短小的、简单的任务。按照结构化程序设计思想，C 语言有三种基本结构（语法）——顺序结构、选择结构和循环结构。

图 3-2　顺序结构流程图

1. 顺序结构

顺序结构表示程序中的各个操作是按照它们出现的先后顺序执行的，其流程图如图 3-2 所示，其中 S1 和 S2 表示两个处理步骤，程序按顺序依次执行 S1 和 S2 的所有操作。

2. 选择结构

选择结构表示程序的处理步骤出现了分支，需要根据某一特定的条件选择其中的一个分支执行。选择结构有单分支选择结构、双分支选择结构和多分支选择结构三种形式，其流程图分别如图 3-3（a）至图 3-3（c）所示。

当 S2 为空时，结构中只有一个可供选择的分支，如果条件满足则执行 S1 操作，当条件不满足时，什么也没执行，所以称为单分支选择结构，如图 3-3（a）所示。单分支选择结构是多分支选择结构的一个特例。

双分支选择结构是典型的选择结构形式，其流程图如图 3-3（b）所示，程序流程出现了两个可供选择的分支，如果条件满足则执行 S1 操作，否则执行 S2 操作。在这两个分支中只能选择一个分支且必须选择一个分支执行。

多分支选择结构如图 3-3（c）所示，程序流程中遇到 S1、S2…Sn 等多个分支，程序执行方向将根据条件确定。如果满足条件 1 则执行 S1 操作，如果满足条件 n 则执行 Sn 操作，因此要根据判断条件选择多个分支中的一条分支执行。如果所有分支的条件都不满足，则直接执行分支语句的下一条语句。

3. 循环结构

循环结构表示程序反复执行某个或某些操作，直到条件为假（或为真）时才可终止循环。在循环结构中最关注的两个问题是：在什么情况下执行循环？哪些操作需要循环执行？即循环条件与循环体。循环结构的基本形式有两种：当型循环结构和直到型循环结构。

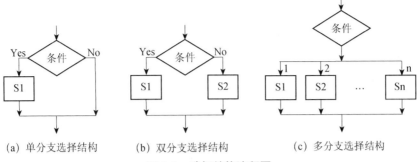

(a) 单分支选择结构   (b) 双分支选择结构   (c) 多分支选择结构

图 3-3 选择结构流程图

（1）当型循环结构。

当型循环结构首先判断条件，当满足给定的条件时执行循环体，并且在循环体执行完毕后自动返回循环条件判断；如果条件不满足，则退出循环，执行循环体的下一条语句。因为是"当条件满足时执行循环"，即先判断后执行，所以称为当型循环结构，其流程图如图 3-4（a）所示。

（2）直到型循环结构。

直到型循环结构首先直接执行循环体，然后判断循环条件，如果满足循环条件，则继续执行循环体，直到条件不成立时再退出循环，即先执行后判断。因为是"直到条件不成立时为止"，所以称为直到型循环结构，其流程图如图 3-4（b）所示。

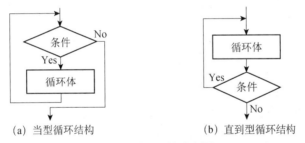

(a) 当型循环结构   (b) 直到型循环结构

图 3-4 循环结构流程图

直到型循环结构至少执行循环体一次，而当型循环结构执行循环体的最少次数为零。

3.2.2 C 语言的语句类型

C 语言的程序通常是由函数构成的，而函数是由语句构成的。在 C 语言中有五种类型的语句。

1. 空语句

仅由一个分号（；）构成的语句称为空语句，空语句不执行任何操作。但是，空语句并不是毫无意义的语句，空语句在程序中可作为空循环体，起到延时的作用。

2. 表达式语句

在表达式后面加一个分号的语句称为表达式语句，其作用为计算表达式的值。表达式语句主要包括由赋值语句、算术运算符构成的语句和逗号表达式语句。

例如：

● 赋值语句：a=b;

- 算术运算语句：i－－;
- 逗号表达式语句：a=b，b=c;

3. 函数调用语句

由一个函数调用加一个分号组成的语句称为函数调用语句，其作用为调用函数并把实际参数赋予函数定义中的形式参数，然后执行被调用函数体中的语句，以求函数值。

例如：

- 调用自定义函数：a=max(a，b);
- 调用库函数：printf("This is a test program.");

4. 复合语句

由{和}把一些变量说明和语句组合在一起，即为复合语句，又称语句块。程序中的复合语句从逻辑角度可以认为是单条语句，而不是多条语句。

5. 控制语句

控制语句由特定的语句定义符组成，用于控制程序的流程，实现程序的各种结构。

例如：

- 条件判断语句：if 语句、switch 语句。
- 循环执行语句：do while 语句、while 语句、for 语句。
- 转向语句：break 语句、go to 语句、continue 语句、return 语句。

3.3 顺 序 结 构

顺序结构是 C 语言中最常见、最简单的结构，该结构按照语句在程序中出现的先后顺序执行。顺序结构主要包括赋值语句、算术运算语句和输入/输出语句等。

- ＝在 C 语言中与数学中一样表示等于关系吗？
- 为什么要用复合的赋值运算符?

3.3.1 赋值语句

1. 赋值运算符

与数学中以＝表示"等于"关系不同，C 语言中＝为赋值运算符，表示把＝右侧的常量、变量或表达式的值赋值给＝左侧的变量。例如，a=b 在 C 语言中表示将 b 的值赋值给 a，而不是表示 a 与 b 相等。在 C 语言中，以＝＝表示等于关系。

2. 复合的赋值运算符

在赋值运算符＝之前加其他运算符，即构成复合的赋值运算符，如+=、－=、*=、/=、%=等。

例如：

- a+=5 等价于 a=a+5。
- x/=y+7 等价于 x=x/(y+7)。

复合的赋值运算符主要有两个优点：一是简化程序，使程序精练；二是提高编译效率，并产生质量较高的目标代码。

3. 赋值表达式

赋值表达式是指通过赋值运算符，将一个变量和一个表达式连接起来的式子，其一般形式为：

```
变量　赋值运算符　表达式
```

例如：

```
a=b+3
```

表示将 b+3 的结果赋值给变量 a。

注意：赋值表达式的右侧可以为常量、变量和表达式，但是其左侧必须为变量。

4. 赋值语句及变量赋初值

在赋值表达式后面加分号即为赋值语句，赋值语句是 C 语言中使用得最多的语句。在使用过程中，请注意区分赋值语句与赋值表达式的区别，并注意：在表达式中可以包含赋值表达式，但是不能包含赋值语句。

例如：

```
a=b+3;
a>(b=3)
a>(b=3;)        /*错误*/
```

在定义变量的同时对变量赋值称为变量赋初值。

例如：

```
int a=3;
```

注意：变量的初始化不是在编译阶段完成的，而是在程序运行阶段完成的。

3.3.2　输入/输出语句

输入/输出语句是 C 语言程序中最常见的语句，利用输入/输出语句可以实现人机交互。
- 输出语句：将程序的结果显示在屏幕上，或者将结果写入文件中，供用户查看与保存。
- 输入语句：将用户的数据从键盘输入或从文件中读入程序中，然后执行相应的操作。

C 语言程序设计中，输入/输出是以计算机主机为主体的，其中输出是指向显示屏、打印机、磁盘等输出数据，而输入是指从键盘、磁盘、光盘、扫描仪等获取数据。C 语言为了避免与硬件相关，提高程序的通用性和可移植性，本身不提供输入/输出语句，输入/输出操作是由函数来实现的。这类输入/输出的相关函数（如 printf、scanf）由 C 标准函数库提供，并且已编译成目标文件，在程序的链接阶段与由源程序经编译而得到的目标文件相链接，生成一个可执行的目标程序。在使用 C 语言库函数时，要使用预编译命令 "#include" 将相关的 "头文件" 包括到源文件中。

1. 字符输入/输出函数

C 标准输入/输出函数库中提供了关于单个字符的输入/输出函数 getchar 和 putchar，它们用法简单、容易理解，但是每次只能输入或输出单个字符，无法处理其他类型的数据。

（1）字符输入函数。

函数 getchar 用于获取从键盘上输入的一个字符，其一般形式为：

```
getchar();
```

为了便于保存输入的字符，通常将其结果赋值给一个字符型变量，构成赋值语句。例如：

```
char c;
c=getchar();
```

注意：在使用函数 getchar 时应注意如下事项。

● 函数 getchar 只接收单个字符，输入多于一个字符时，只接收第一个字符。

● 输入数字时也按字符处理。

● 函数 getchar 的定义在标准输入/输出库（stdio.h）文件中，所以在调用该函数时，必须在文件中用预编译命令"#include"包含此头文件。

例 3-5 请在屏幕上输入 3 个字符。

① 编程分析。

（a）数据结构。

类型	题目要求	形式语言（C）的表达
输入数据	输入 3 个字符	3 个字符型（char）变量：a、b、c

（b）算法。

算法流程	形式语言（C）的表达
利用函数 getchar 从键盘上读取 3 个字符，并分别赋值给字符变量 a、b、c	a←getchar( ) b←getchar( ) c←getchar( )

② 程序代码。

程序代码如下：

```
#include <stdio.h>
void main()
{
    char a,b,c;
    a=getchar();
    b=getchar();
    c=getchar();
}
```

③ 执行结果。

例 3-5 执行结果如图 3-5 所示。

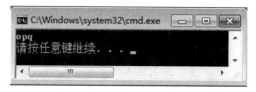

图 3-5　例 3-5 执行结果

（2）字符输出函数。

函数 putchar 用于在计算机显示器上输出单个字符，其一般形式为：

```
putchar(字符变量);
```

例如：

```
putchar('A');        /*输出大写字母 A*/
putchar(x);          /*输出字符变量 x 的值*/
putchar('\n');       /*输出换行*/
```

注意：在使用函数 putchar 时应注意如下事项。

① 函数 putchar 的定义在标准输入/输出库（stdio.h）文件中，所以在调用该函数时，必须在文件中用预编译命令"#include"包含此头文件。

② 函数 putchar 每次只能输出一个字符。

例 3-6　趣味程序（移动的笑脸符号——输出笑脸符号）：使用函数 putchar 在屏幕上输出笑脸符号。

① 编程分析。

笑脸符号的 ASCII 码值为 2，利用变量类型的自动转换原则，使用函数 putchar 在屏幕上输出笑脸符号。

② 程序代码。

程序代码如下：

```
#include <stdio.h>
void main()
{
    putchar(2);
}
```

③ 执行结果。

例 3-6 执行结果如图 3-6 所示。

图 3-6　例 3-6 执行结果

例 3-7　请在键盘上输入 3 个字符，然后将其保存并输出到屏幕上。

① 编程分析。

（a）数据结构。

类型	题目要求	形式语言（C）的表达
输入数据	输入 3 个字符	3 个字符型（char）变量：a、b、c

（b）算法。

算法流程	形式语言（C）的表达
用函数 getchar 从键盘上读取 3 个字符，并分别赋值给字符变量 a、b、c	a←getchar( ) b←getchar( ) c←getchar( )

续表

算法流程	形式语言（C）的表达
输出字符变量 a、b、c	putchar(a) putchar(b) putchar(c)

② 程序代码。

程序代码如下：

```
#include <stdio.h>
void main()
{
    char a,b,c;
    a=getchar();
    b=getchar();
    c=getchar();
    putchar(a);
    putchar(b);
    putchar(c);
}
```

③ 执行结果。

例 3-7 执行结果如图 3-7 所示。

图 3-7　例 3-7 执行结果

④ 思考。

（a）如果在测试程序时，在键盘上输入 5 个字符，那么输出结果会是什么呢？

（b）如果在测试程序时，输入 "o" "回车" "q"，那么输出结果会是什么呢？

2. 简单的格式输入/输出函数

　　字符输入/输出函数只能完成对单个字符的输入/输出，其他类型（如整型、实型）的数据如何进行输入/输出呢？接下来介绍简单的格式输入/输出函数。

- 虽然其名字为"简单的"格式输入/输出函数，但是其使用方法并不简单。
- 函数 printf 和函数 scanf 都是形参数量可变的函数，调用时要格外小心。

（1）格式输出函数。

函数 printf 用于按用户指定的格式，将数据输出到显示器屏幕上，其一般形式为：

```
printf("格式控制字符串",输出表列);
```

　　其中，形参分为两个部分，分别是格式控制字符串和输出表列。如果没有数据输出，则输出表列可以省略。函数 printf 的形参数量根据其输出表列的变化而变化，因此该函数是一个参数数量可变的函数，在实际使用中务必谨慎小心。

① 格式控制字符串用于指定输出格式，包括普通字符和格式声明两种信息。

（a）普通字符：按照原样输出的字符，在显示中起提示作用。

（b）格式声明：以%开头，在%后面加格式字符，用于指定输出数据格式。如果没有数据输出，则不需要格式声明。基本的格式字符主要有如下四种。

● d　按十进制整型数据的实际长度输出。

● c　输出单个字符。

● f　以小数形式输出单、双精度实数。

● s　输出字符串。

完整的格式字符用法如表 3-2 所示。

表 3-2　格式字符用法

格式字符	功能	用法
d	输出十进制整数	%d：按照整型数据的实际长度输出； %md：m 为指定的输出字段的宽度，如果数据的位数小于 m，则字段左侧补空格；若大于 m，则按实际位数输出； %ld：输出长整型数据
o	以无符号八进制形式输出整数	%o：按照无符号八进制形式输出整数； %mo：m 为指定的输出字段的宽度； %lo：输出长整型数据
x	以无符号十六进制形式输出整数	%x：按照无符号十六进制形式输出整数； %lx：输出长整型数据； %mx：m 为指定的输出字段的宽度
u	以无符号十进制形式输出整数	%u：按照无符号十进制形式输出整数； %lu：输出长整型数据； %mu：m 为指定的输出字段的宽度
c	输出单个字符	
s	输出字符串	%s：如 printf("%s", "CHINA")输出 "CHINA" 字符串（不包括双引号）； %ms：输出的字符串占 m 列，如果字符串本身长度大于 m，则将字符串全部输出；若字符串长度小于 m，则字符串左侧补空格； %-ms：如果字符串长度小于 m，则在 m 列范围内，字符串向左侧移，右侧补空格
f	用于输出实数(包括单、双精度实数)，以小数形式输出	%f：不指定宽度，整数部分全部输出并输出 6 位小数； %m.nf：输出共占 m 列，其中有 n 位小数，如果数值宽度小于 m，则数值左侧补空格； %-m.nf：输出共占 m 列，其中有 n 位小数，如果数值宽度小于 m，则数值右侧补空格
e	以指数形式输出实数	%e：数字部分（又称尾数）输出 6 位小数，指数部分占 5 位或 4 位； %m.ne 和%-m.ne：m、n 和-字符含义与其他相同。此处 n 指数据的数字部分的小数位数，m 表示整个输出数据所占的宽度
g	自动选择 f 格式或 e 格式中较短的一种输出，且不输出无意义的零	

例如：

```
printf("Please input a,b,c:");
```

上例语句提示后续由用户输入 a、b、c 三个变量的值。

② 格式输出函数还可用于输出表列。各个输出项既可以是常量、变量，也可以是表达式。要求格式字符串和输出项在数量和类型上应该逐一对应。

在实际应用中要注意如下事项。

- 所有输出项都必须指定输出格式。
- 各输出项按照格式控制字符串的格式声明符的先后顺序引用。
- 格式说明符必须与对应输出项数据类型保持一致。

例如：设 a 为整型变量，b 为实型变量，c 为字符变量，请输出这 3 个数据。

```
printf("a=%d,b=%f,c=%c\n",a,b,c);
```

上例格式控制字符串中%d、%f 和%c 为格式声明，d、f 和 c 是格式字符，分别与对应输出数据 a、b、c 的数据类型一致，\n 为转义符，用于输出换行；其他符号为普通字符，按原样输出。

那么如何原样输出字符"%"呢？答案是在"格式控制"字符串中连续使用两个%。

例如：

```
printf("%f%%",1.0/3);
```

上例的输出结果为 0.333333%。

注意：函数 printf 的定义在标准输入输出库（stdio.h）文件中，所以在调用该函数时，必须在文件中用预编译命令"#include"包含此头文件。

例 3-8 趣味程序（移动的笑脸符号——输出笑脸符号）：使用函数 printf 在屏幕上输出笑脸符号。

① 编程分析。

笑脸符号的 ASCII 码值为 2；调用函数 printf 在屏幕上输出笑脸符号，应使用格式声明%c。

② 程序代码。

程序代码如下：

```
#include <stdio.h>
void main()
{
    printf("%c",2);
}
```

③ 执行结果。

例 3-8 执行结果如图 3-8 所示。

图 3-8　例 3-8 执行结果

例 3-9　趣味程序（歌曲演奏——《生日歌》）：请在屏幕上输出歌曲《生日歌》的歌曲名，并利用主板上的蜂鸣器演奏此歌曲。

① 编程分析。

（a）调用函数 printf 在屏幕上输出《生日歌》。

（b）调用函数 Beep 演奏《生日歌》。

函数 Beep 的介绍及音阶的定义见本书第 2 章中的相关内容。

（c）《生日歌》歌谱。

● 简谱。

5̲5̲ 6 5̲|1 7 -|5̲5̲ 6 5̲|2 1 - |

5̲5̲ 5 3̲|1 7 6̲|0 0 4̲4̲|3 1 2|1 0 0|

● 字符常量乐谱。

BBNBAM　　BBNBSA

BBGDAMN　FFDASA

② 程序代码。

程序代码如下：

```c
#include <windows.h>
#include <stdio.h>
/*低音*/
#define Z 262
#define X 294
#define C 330
#define V 349
#define B 393
#define N 444
#define M 494
/*中音*/
#define A 523
#define S 578
#define D 659
#define F 698
#define G 784
#define H 880
#define J 988
/*高音*/
#define Q 1046
#define W 1175
#define E 1318
#define R 1397
#define T 1568
#define Y 1760
#define U 1976

void main()
{
    printf("Happy birthday\n");
    Beep(B,250);
    Beep(B,250);
    Beep(N,500);
    Beep(B,500);
```

```
    Beep(A,500);
    Beep(M,500);
    Sleep(500);

    Beep(B,250);
    Beep(B,250);
    Beep(N,500);
    Beep(B,500);
    Beep(S,500);
    Beep(A,500);
    Sleep(500);

    Beep(B,250);
    Beep(B,250);
    Beep(G,500);
    Beep(D,500);
    Beep(A,500);
    Beep(M,500);
    Beep(N,500);
    Sleep(500);

    Beep(F,250);
    Beep(F,250);
    Beep(D,500);
    Beep(A,500);
    Beep(S,500);
    Beep(A,500);
    Sleep(500);
}
```

③ 执行结果。

例 3-9 执行结果如图 3-9 所示。

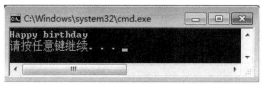

图 3-9　例 3-9 执行结果

（2）格式输入函数。

函数 scanf 用于按照用户指定的格式获取从键盘上输入的数据，并存放到指定的变量中，其一般形式：

```
scanf("格式控制字符串",地址表列);
```

与函数 printf 一样，函数 scanf 的形参数量也是可变的。其中，格式控制字符串的用法与函数 printf 相同。

地址表列是若干个地址组成的表列，可能是变量的地址，也可能是字符串的首地址。变量的地址是由"地址运算符&加变量名"组成的。

函数 scanf 与函数 printf 一样，其定义在标准输入/输出库（stdio.h）文件中，所以在调用该函数时，必须在文件中用预编译命令"#include"包含此头文件。

例 3-10 请在键盘上输入一个整数、一个实数、一个字符，然后将其保存并输出到屏幕上。

① 编程分析。

（a）数据结构。

类型	题目要求	形式语言（C）的表达
输入数据	1 个整数、1 个实数、1 个字符	int a; float b; char c;
输出数据	输入的 3 个数	a、b、c

（b）算法。

算法流程	形式语言的表达
在键盘上输入 1 个整数、1 个实数、1 个字符	利用函数 scanf 从键盘上读取相应类型的数据
输出 a、b、c 的值	调用函数 printf，分别输出变量 a、b、c 的值

② 程序代码。

程序代码如下：

```c
#include <stdio.h>
void main()
{
    int a;
    float b;
    char c;
    printf("Please input a,b,c:");
    scanf("%d,%f,%c",&a,&b,&c);
    printf("a=%d,b=%f,c=%c\n",a,b,c);
}
```

③ 执行结果。

例 3-10 执行结果如图 3-10 所示。

图 3-10　例 3-10 程序执行结果

④ 思考。

（a）"scanf("%d,%f,%c",&a,&b,&c);" 中 "%d" "%f" "%c" 之间有逗号分隔，在输入数据时也要加逗号。如果去掉逗号，则输入语句为 "scanf（"%d%f%c",&a,&b,&c);"，那么在键盘上输入数据时用什么符号将数据隔开？前面的提示语句 "printf("Please input a，b，c："); " 是不是也要修改？

（b）如果输入语句为 "scanf("%d%f%c",&a,&b,&c);"，则当按照如图 3-10 所示进行输

入时，结果为什么会出现如图 3-11 所示的错误呢？

图 3-11　对例 3-10 程序修改 scanf 语句后的执行结果

（3）编写简单的格式输入/输出语句时的注意事项。

（a）对于数组或指针变量，由于数组名和指针变量名本身就是地址，因此使用函数 scanf 时，无须在它们前面加上&操作符。

（b）在输入多个数值数据时，若格式控制串中没有非格式字符作为输入数据之间的间隔，则可用空格、Tab 或回车作为间隔。例如，输入语句“scanf("%d%f%c",&a,&b,&c);”，输入时可不用逗号，而用空格、Tab 或回车将各个数据隔开。

（c）可以在格式化字符串中的%与格式声明符之间加入一个整数，以表示任何读操作中的最大位数。

（d）函数 scanf 中没有精度控制。例如，语句“scanf("%5.2f",&a);”是非法的，不能用此语句输入小数为两位的实数。

（e）函数 scanf 中要求给出变量地址，如果给出变量名则会出错。例如，语句“scanf("%d",a);”是非法的，应改为“scanf("%d",&a);”。

（f）在输入数据时，若格式控制串中没有非格式字符，则认为所有输入的字符均为有效字符。例如，对输入语句“scanf("%d%f%c",&a,&b,&c);”按如图 3-10 所示输入数值时，则把 1 赋值给整型变量 a，把 2 赋值给实型变量 b，把空格作为有效字符赋值给字符型变量 c。只有当输入为“1 2f”时，才能把字符 f 赋值给字符型变量 c，如图 3-12 所示。

图 3-12　例 3-10 修改 scanf 语句后执行结果

3.4　选　择　结　构

日常生活中，常常需要根据不同的情况来决定做什么事情。例如，明天不下雨就去春游；再如，70 岁以上的老人入公园免票。之前所学的顺序结构程序虽然能够解决计算、输入/输出等问题，但无法做到“先判断再选择”。对于要“先做判断再选择”的问题需要使用选择结构。

选择结构依据一定的条件选择执行程序流程，而不是严格按照语句出现的先后顺序执行程序流程。设计选择结构的关键在于构造合适的分支条件和分析程序流程，并根据不同的程序流程选择适当的分支语句。

选择结构执行过程为首先判断条件，然后选择对应的分支执行。那么

● 如何描述条件呢？这些条件的描述和数学中的描述一样吗？

● 选择结构有多少个分支呢？一个？二个？多个？要用什么语句来编写呢？

3.4.1　条件的描述

图 3-13 所示为双分支选择结构流程图，判断框（菱形框）中的条件即为选择结构中的判断条件。

以 70 岁以上的老人入公园免票为例，采用较为熟悉的数学方法描述为：

设 x 为年龄，y 为门票费用。如果 x≥70，则 y=0。

其中，x≥70 为条件描述。但是，在 C 语言中不能采用如上的数学语言或自然语言来描述条件，而且 C 语言中的大于等于号也不是≥，因为键盘上无法输入此符号。下面将详细介绍 C 语言中条件描述时常常用到的关系运算符和逻辑运算符。

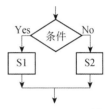

图 3-13　双分支选择
结构流程图

1. 关系运算符

C 语言中以关系运算符表述变量、常量、表达式之间的大小关系，包括大于、小于等关系，其意义和数学语言中的关系运算符号一致，只是在书写方式上略有不同，如表 3-3 所示。

表 3-3　关系运算符

关系意义	C 语言中的关系运算符	数学语言中的相应符号
小于	<	<
小于或等于	<=	≤
大于	>	>
大于或等于	>=	≥
等于	==	=
不等于	!=	≠

注意：关系运算符具有优先级别。

（1）关系运算符的优先级低于算术运算符，高于赋值运算符。

（2）在关系运算符中，<、<=、>、>=的优先级相同，且高于==和!=的优先级。

（3）在关系运算符中，==和!=的优先级相同。

以 70 岁以上的老人入公园免票为例，假设 x 为年龄，则条件表达式用 C 语言描述为 x>=70。

2. 逻辑运算符

在实际生活中，1.2 米以下的儿童入公园也是免费的，那么"七十岁以上的老人或 1.2 米以下的儿童，入公园免票"这条判断语句仅依赖于关系表达式来描述是无法完成的，其

中的"或"关系还应依赖于逻辑运算符号。

C 语言中逻辑运算符包括"与""或"等，表 3-4 中详细列举了逻辑运算符，并与数学语言中的相应符号进行了对比。

表 3-4　逻辑运算符

逻辑意义	C 语言中的逻辑运算符	数学语言中的相应符号
与，相当于 AND	&&	∧
或，相当于 OR	||	∨
非，相当于 NOT	!	→

逻辑运算符的优先级，如图 3-14 所示。

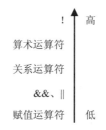

图 3-14　逻辑运算符的优先级

逻辑运算的值为"真"和"假"两种，在 C 语言中"真"为非 0、"假"为 0。

以"70 岁以上的老人或 1.2 米以下的儿童，入公园免票"为例，假设 x 为年龄，h 为身高，则条件表达式用 C 语言描述为 x>=70 || h<1.2。

3.4.2　if 语句

> if 语句是选择结构中最常用的一种语句，可以用于实现单分支、双分支、多分支选择结构。

1. if 语句实现单分支选择结构（不带 else 的 if 语句）

不带 else 的 if 语句的一般形式为：

```
if(条件表达式)
  语句;
```

不带 else 的 if 语句流程图如图 3-15 所示。

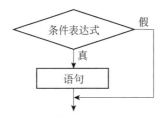

图 3-15　不带 else 的 if 语句流程图

不带 else 的 if 语句的具体执行过程为，首先判断条件表达，如果条件表达式的结果为"真"（表达式的值为非 0），则执行语句，否则跳过对应的语句，执行 if 语句的下一条语句。

注意：条件表达式一般是逻辑表达式或关系表达式，但也可以是其他表达式，如赋值表达式，甚至也可以是一个变量或常量。

例如：

```
if(a=6)
```

或

```
if(6)
```

都是允许的，而且表达式的值为"真"。

判断变量 a 与常量 6 是否相等的关系表达式应为 a==6，不能写为 a=6，否则失之毫厘谬以千里。为了避免出现将 if(a==6)误写为 if(a=6)的情况，建议在程序编写时不要在条件判断语句中使用赋值表达式。例如，if(a=6)应写为

```
a=6;
if(a)
```

例 3-11　输入学生成绩，如果小于 60 分，则输出"不及格"。

① 编程分析。

（a）数据结构。

类型	题目要求	形式语言（C）的表达
输入数据	学生成绩	单精度（float）实型变量：score

（b）算法。

算法流程	形式语言（C）的表达
从键盘输入 1 个学生的成绩	用函数 scanf 从键盘上读取数据，存放在变量 score 中
如果成绩小于 60 分，则输出"不及格"	if（score<60） 输出"不及格"

② 流程图。

例 3-11 的流程图如图 3-16 所示。

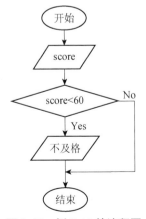

图 3-16　例 3-11 的流程图

③ 程序代码。

程序代码如下：

```
#include <stdio.h>
void main()
{
    float score;
    printf("请输入学生成绩：");
    scanf("%f",&score);
    if (score<60)
    {
        printf("不及格\n");
    }
}
```

④ 执行结果。

例 3-11 执行结果如图 3-17 所示。

图 3-17　例 3-11 执行结果

2. if 语句实现双分支选择结构（带 else 的 if 语句）

带 else 的 if 语句的一般形式为：

```
if(条件表达式)
    语句 1;
else
    语句 2;
```

带 else 的 if 语句的流程图如图 3-18 所示。

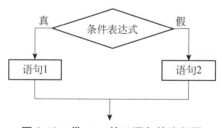

图 3-18　带 else 的 if 语句的流程图

带 else 的 if 语句的具体执行过程为，首先判断条件表达式，如果表达式为"真"（表达式的值非 0），则执行语句 1；否则表达式为"假"（表达式的值为 0），则执行语句 2。

例 3-12　输入两个整数，输出其中的最大值。

① 编程分析。

（a）数据结构。

类型	题目要求	形式语言（C）的表达
输入数据	2 个整数	2 个整型（int）变量：a、b

（b）算法。

算法流程	形式语言（C）的表达
从键盘输入 2 个整数，并赋值给变量 a、b	利用函数 scanf 从键盘上读取数据，分别存放在变量 a 和变量 b 中

输出其中最大值	if(a>b)
	　　输出 a
	else
	　　输出 b

② 流程图。

例 3-12 的流程图如图 3-19 所示。

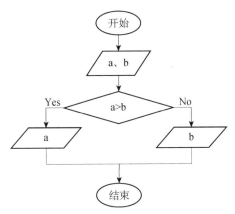

图 3-19　例 3-12 的流程图

③ 程序代码。

程序代码如下。

```c
#include <stdio.h>
void main()
{
    int a,b;
    printf("请输入 a,b:");
    scanf("%d%d",&a,&b);
    if (a>b)
        printf("最大值是%d\n",a);
    else
        printf("最大值是%d\n",b);
}
```

④ 执行结果。

例 3-12 执行结果如图 3-20 所示。

图 3-20　例 3-12 执行结果

例 3-13　趣味程序（歌曲点播）曲库里有《生日歌》和《满天都是小星星》两首歌曲。请选择对应歌曲的序号，并利用计算机的蜂鸣器演奏歌曲。

① 编程分析。

（a）定义符号常量以表示音阶，具体分析见例 3-9。

（b）在屏幕上输出如图 3-21 所示的歌曲菜单。

图 3-21　歌曲菜单

（c）输入所选歌曲的序号。

（d）使用 if...else 选择结构，根据用户的输入选择相应歌曲。

（e）编写歌曲演奏程序。

（f）背景知识补充。

- 歌曲《生日歌》的歌谱及程序请参看例 3-9。
- 歌曲《满天都是小星星》的歌谱如下。

简谱	1 1 5 5 6 6 5 - |4 4 3 3 2 2 1 - | 5 5 4 4 3 3 2 - |5 5 4 4 3 3 2 - | 1 1 5 5 6 6 5 - |4 4 3 3 2 2 1 - |
字符常量乐谱	AAGGHHG　　FFDDSSA GGFFDDS　　GGFFDDS AAGGHHG　　FFDDSSA

② 程序代码。

程序代码如下。

```
#include <windows.h>
#include <stdio.h>
/*低音*/
#define Z 262
#define X 294
#define C 330
#define V 349
#define B 393
#define N 444
#define M 494
/*中音*/
#define A 523
#define S 578
#define D 659
#define F 698
#define G 784
#define H 880
#define J 988
/*高音*/
#define Q 1046
#define W 1175
#define E 1318
#define R 1397
#define T 1568
#define Y 1760
```

```
#define U 1976

void main()
{
    /*输出菜单*/
    printf("Please choose song:\n");
    printf("1:Happy birthday\n");
    printf("2:Little star\n");
    int no;
    scanf("%d",&no);
    /*根据用户输入的序号,选择歌曲演奏*/
    if(no==1)
    {
        /*生日歌*/
        printf("Happy Birthday\n");
        Beep(B,200);
        Beep(B,200);
        Beep(N,400);
        Beep(B,400);
        Beep(A,400);
        Beep(M,400);
        Sleep(400);

        Beep(B,200);
        Beep(B,200);
        Beep(N,400);
        Beep(B,400);
        Beep(S,400);
        Beep(A,400);
        Sleep(400);

        Beep(B,200);
        Beep(B,200);
        Beep(G,400);
        Beep(D,400);
        Beep(A,400);
        Beep(M,400);
        Beep(N,400);
        Sleep(400);

        Beep(F,200);
        Beep(F,200);
        Beep(D,400);
        Beep(A,400);
        Beep(S,400);
        Beep(A,400);
    }
    else
    {
        /*满天都是小星星*/
        printf("Little Star\n");
        Beep(A,400);
        Beep(A,400);
        Beep(G,400);
        Beep(G,400);
```

```
        Beep(H,400);
        Beep(H,400);
        Beep(G,400);
        Sleep(400);

        Beep(F,400);
        Beep(F,400);
        Beep(D,400);
        Beep(D,400);
        Beep(S,400);
        Beep(S,400);
        Beep(A,400);
        Sleep(400);

        Beep(G,400);
        Beep(G,400);
        Beep(F,400);
        Beep(F,400);
        Beep(D,400);
        Beep(D,400);
        Beep(S,400);
        Sleep(400);

        Beep(G,400);
        Beep(G,400);
        Beep(F,400);
        Beep(F,400);
        Beep(D,400);
        Beep(D,400);
        Beep(S,400);
        Sleep(400);

        Beep(A,400);
        Beep(A,400);
        Beep(G,400);
        Beep(G,400);
        Beep(H,400);
        Beep(H,400);
        Beep(G,400);
        Sleep(400);

        Beep(F,400);
        Beep(F,400);
        Beep(D,400);
        Beep(D,400);
        Beep(S,400);
        Beep(S,400);
        Beep(A,400);
    }
}
```

③ 执行结果。

例 3-13 执行结果如图 3-22 所示。

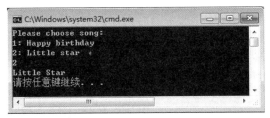

图 3-22 例 3-13 执行结果

3. 嵌套的 if 语句实现多分支选择结构

if 语句最多有两个分支，因此可以实现两种选择。在有多种选择的情况下，如歌曲点播程序中，需要选择三首或三首以上的歌曲时，则需要使用嵌套的 if 语句来实现多分支选择结构。

嵌套的 if 语句的一般形式：

```
if(表达式 1)
  if(表达式 2)
    语句 1;
  else
    语句 2;
else
  if(表达式 3)
    语句 3;
  else
    语句 4;
```

嵌套的 if 语句的执行过程为，首先判断表达式 1 的值，如果表达式 1 的值非 0，则判断表达式 2 的值，如果表达式 2 的值非 0，则执行语句 1；否则，表达式 2 的值为 0，执行语句 2。如果表达式 1 的值为 0，则判断表达式 3 的值，如果表达式 3 的值非 0，则执行语句 3；否则，表达式 3 的值为 0，执行语句 4。

使用嵌套的 if 语句时应注意如下要求。

（1）else 总是与其前面最邻近的没有与 else 匹配过的 if 进行匹配。

（2）当 if 语言后有多条执行语句时，需将多条语句用{}括起来作为复合语句。

例 3-14 趣味程序（歌曲点播）曲库里有《生日歌》《满天都是小星星》《两只老虎》三首歌曲。请选择对应歌曲的序号，并利用计算机的蜂鸣器演奏歌曲（利用嵌套的 if 语句完成）。

① 编程分析。

（a）定义符号常量以表示音阶，具体分析见例 3-9。

（b）在屏幕上输出的歌曲的菜单，如图 3-23 所示。

```
Please choose song:
1: Happy birthday
2: Little star
3: Two tigers
```

图 3-23 歌曲菜单

（c）输入所选歌曲的序号。

（d）利用 if…else 嵌套语句完成对歌曲的选择。

（e）编写三首歌曲的演奏程序，其中前两首歌曲的演奏程序参见例 3-13，第三首歌曲曲谱如下。

简谱	1 2 3 1|1 2 3 1|3 4 5|3 4 5|5 6 5 4| 3 1|5 6 5 4|3 1|2 5|1 0|2 5|1 0|
字符常量乐谱	ASDA ASDA DFG DFG GHGF DA GH GF DA SB A- SB A-

② 程序代码。

程序代码如下：

```c
#include <windows.h>
#include <stdio.h>
/*低音*/
#define Z 262
#define X 294
#define C 330
#define V 349
#define B 393
#define N 444
#define M 494
/*中音*/
#define A 523
#define S 578
#define D 659
#define F 698
#define G 784
#define H 880
#define J 988
/*高音*/
#define Q 1046
#define W 1175
#define E 1318
#define R 1397
#define T 1568
#define Y 1760
#define U 1976

void main()
{
    /*输出菜单*/
    printf("Please choose song:\n");
    printf("1:Happy birthday\n");
    printf("2:Little star\n");
    printf("3:Two tigers\n");
    int no;
    scanf("%d",&no);
    /*根据用户输入序号,选择歌曲并演奏*/
    if(no==1)
    {
        /*生日歌*/
        printf("Happy Birthday\n");
        Beep(B,200);
        Beep(B,200);
        Beep(N,400);
```

```
        Beep(B,400);
        Beep(A,400);
        Beep(M,400);
        Sleep(400);

        Beep(B,200);
        Beep(B,200);
        Beep(N,400);
        Beep(B,400);
        Beep(S,400);
        Beep(A,400);
        Sleep(400);

        Beep(B,200);
        Beep(B,200);
        Beep(G,400);
        Beep(D,400);
        Beep(A,400);
        Beep(M,400);
        Beep(N,400);
        Sleep(400);

        Beep(F,200);
        Beep(F,200);
        Beep(D,400);
        Beep(A,400);
        Beep(S,400);
        Beep(A,400);
    }
    else if(no==2)
    {
        /*满天都是小星星*/
        printf("Little Star\n");
        Beep(A,400);
        Beep(A,400);
        Beep(G,400);
        Beep(G,400);
        Beep(H,400);
        Beep(H,400);
        Beep(G,400);
        Sleep(400);

        Beep(F,400);
        Beep(F,400);
        Beep(D,400);
        Beep(D,400);
        Beep(S,400);
        Beep(S,400);
        Beep(A,400);
        Sleep(400);

        Beep(G,400);
        Beep(G,400);
        Beep(F,400);
        Beep(F,400);
        Beep(D,400);
```

```
        Beep(D,400);
        Beep(S,400);
        Sleep(400);

        Beep(G,400);
        Beep(G,400);
        Beep(F,400);
        Beep(F,400);
        Beep(D,400);
        Beep(D,400);
        Beep(S,400);
        Sleep(400);

        Beep(A,400);
        Beep(A,400);
        Beep(G,400);
        Beep(G,400);
        Beep(H,400);
        Beep(H,400);
        Beep(G,400);
        Sleep(400);

        Beep(F,400);
        Beep(F,400);
        Beep(D,400);
        Beep(D,400);
        Beep(S,400);
        Beep(S,400);
        Beep(A,400);
}
else if(no==3)
{
        /*两只老虎*/
        printf("Two tigers\n");
        Beep(A,400);
        Beep(S,400);
        Beep(D,400);
        Beep(A,400);
        Beep(A,400);
        Beep(S,400);
        Beep(D,400);
        Beep(A,400);

        Beep(D,400);
        Beep(F,400);
        Beep(G,400);
        Beep(D,400);
        Beep(F,400);
        Beep(G,400);

        Beep(G,400);
        Beep(H,400);
        Beep(G,400);
        Beep(F,400);
```

```
        Beep(D,400);
        Beep(A,400);
        Beep(G,200);
        Beep(H,200);
        Beep(G,200);
        Beep(F,200);

        Beep(D,400);
        Beep(A,400);
        Beep(S,400);
        Beep(B,400);
        Beep(A,400);
        Sleep(400);

        Beep(S,400);
        Beep(B,400);
        Beep(A,400);
        Sleep(400);
    }
    else
        printf("Input errror! Please choose 1,2 or 3.\n");
}
```

③ 执行结果。

例 3-14 执行结果如图 3-24 所示。

图 3-24　例 3-14 执行结果

3.4.3　switch 语句

if 语句最多有两个分支，而嵌套的 if 语句可以实现多分支选择，但是如果层数太多则会降低程序可读性。本节介绍使用 switch 语句处理多分支选择问题。

1. switch 语句介绍

switch 语句的一般形式：

```
switch (表达式)
{
    case 常量表达式 1:语句 1;break;
    case 常量表达式 2:语句 2;break;
    …
    case 常量表达式 n:语句 n;break;
    default:语句 n+1;
}
```

switch 语句流程图如图 3-25 所示。

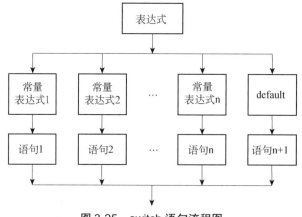

图 3-25　switch 语句流程图

　　switch 语句具体执行过程为，switch 语句首先计算条件表达式的值，表达式的值只能是整型或字符型。程序开始在 case 分支中逐个从上到下逐个匹配，查找与表达式的值相等的常量表达式。如果找到相等的常量表达式，则执行该 case 分支中的语句，直到遇到关键字 break，才可执行完整个 switch 语句的。如果查找所有 case 分支都没有找到相等的常量表达式，则进入表示默认情况的 default 分支开始执行，最终执行完整个 switch 语句。

　　例 3-15　输入一个百分制的成绩，并输出该成绩的等级。90 分以上为 A 级，80～89 分为 B 级，70～79 分为 C 级，60～69 分为 D 级，60 分以下为 E 级。

　　① 编程分析。

　　（a）数据结构。

类型	题目要求	形式语言（C）的表达
输入数据	输入 1 个百分制的成绩	1 个实型（float）变量：score

　　（b）算法。

算法流程	形式语言（C）的表达
从键盘输入成绩	利用函数 scanf 读入数据，并存放在变量 score 中
判断分数等级，并输出	每 10 分作为一个分数段 int(score/10)： 10→A 9→A 8→B 7→C 6→D 5, 4, 3, 2, 1, 0→E 利用 switch 语句进行多分支选择，利用函数 printf 输出等级

　　② 流程图。

　　例 3-15 流程图如图 3-26 所示。

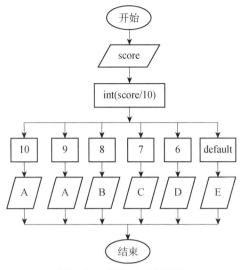

图 3-26　例 3-15 流程图

③ 程序代码。

```c
#include <stdio.h>
void main()
{
    int score;
    printf("Please input the score:");
    scanf("%d",&score);
    switch (int(score/10))
    {
    case 10:printf("A");break;
    case 9:printf("A");break;
    case 8:printf("B");break;
    case 7:printf("C");break;
    case 6:printf("D");break;
    default:printf("E");
    }
}
```

④ 执行结果。

例 3-15 执行结果如图 3-27 所示。

```
Please input the score:77
C请按任意键继续. . .
```

图 3-27　例 3-15 执行结果

2. 使用 switch 语句的注意事项

使用 switch 语句时应注意以下事项。

（1）switch 后面的表达式的值和 case 后面的常量表达式的值可以是整型或字符型。

（2）case 后面的表达式只能是常量表达式，并且各常量表达式的值不能相同，否则会出现错误。

（3）case 后的语句既可以是一条语句，也可以是多条语句。当为多条语句时，可以不用{}括起来。

（4）break 语句的功能是跳出 switch 语句，接着执行 switch 语句后面的语句。如果程序中缺少 break 语句，那么将顺序执行其后的 case 或 default 分支，直到遇到 break 语句或 switch 语句结束。例如，修改上面的程序，删除每个 case 后面的 break 语句。

```
#include <stdio.h>
void main()
{
    int score;
    printf("Please input the score:");
    scanf("%d",&score);
    switch (int(score/10))
    {
    case 10:printf("A");
    case 9:printf("A");
    case 8:printf("B");
    case 7:printf("C");
    case 6:printf("D");
    default:printf("E");
    }
}
```

则执行结果如图 3-28 所示。

图 3-28　修改例 3-15 后的执行结果

（5）各 case 和 default 语句的先后顺序可以变动，且不会影响程序的执行结果。

（6）default 语句可以省略不用。这时，如果找不到对应的 case 分支，则流程将不进入 switch 语句。

3. switch 语句应用案例

例 3-16　趣味程序（歌曲点播）曲库里有《生日歌》《满天都是小星星》《两只老虎》三首歌曲。请选择对应歌曲的序号，并利用计算机的蜂鸣器演奏歌曲（使用 switch 语句完成）。

① 编程分析。

（a）定义符号常量以表示音阶，具体分析见例 3-9。

（b）在屏幕上输出歌曲的菜单。

（c）输入所选歌曲的序号。

（d）使用 switch 语句完成对歌曲的选择。

（e）编写三首歌曲的演奏程序。

② 程序代码。

程序代码如下：

```
#include <windows.h>
#include <stdio.h>
/*低音*/
#define Z 262
#define X 294
#define C 330
#define V 349
#define B 393
```

```c
#define N 444
#define M 494
/*中音*/
#define A 523
#define S 578
#define D 659
#define F 698
#define G 784
#define H 880
#define J 988
/*高音*/
#define Q 1046
#define W 1175
#define E 1318
#define R 1397
#define T 1568
#define Y 1760
#define U 1976
void main()
{
    /*输出菜单*/
    printf("Please choose song:\n");
    printf("1:Happy birthday\n");
    printf("2:Little star\n");
    printf("3:Two tigers\n");
    int no;
    scanf("%d",&no);
    /*根据用户输入序号,选择歌曲演奏*/
    switch(no)
    {
    case 1:
        /*生日歌*/
        printf("Happy Birthday\n");
        Beep(B,200);
        Beep(B,200);
        Beep(N,400);
        Beep(B,400);
        Beep(A,400);
        Beep(M,400);
        Sleep(400);

        Beep(B,200);
        Beep(B,200);
        Beep(N,400);
        Beep(B,400);
        Beep(S,400);
        Beep(A,400);
        Sleep(400);

        Beep(B,200);
        Beep(B,200);
        Beep(G,400);
        Beep(D,400);
        Beep(A,400);
        Beep(M,400);
        Beep(N,400);
```

```
            Sleep(400);

            Beep(F,200);
            Beep(F,200);
            Beep(D,400);
            Beep(A,400);
            Beep(S,400);
            Beep(A,400);
            break;
    case 2:
            /*满天都是小星星*/
            printf("Little Star\n");
            Beep(A,400);
            Beep(A,400);
            Beep(G,400);
            Beep(G,400);
            Beep(H,400);
            Beep(H,400);
            Beep(G,400);
            Sleep(400);

            Beep(F,400);
            Beep(F,400);
            Beep(D,400);
            Beep(D,400);
            Beep(S,400);
            Beep(S,400);
            Beep(A,400);
            Sleep(400);

            Beep(G,400);
            Beep(G,400);
            Beep(F,400);
            Beep(F,400);
            Beep(D,400);
            Beep(D,400);
            Beep(S,400);
            Sleep(400);

            Beep(G,400);
            Beep(G,400);
            Beep(F,400);
            Beep(F,400);
            Beep(D,400);
            Beep(D,400);
            Beep(S,400);
            Sleep(400);

            Beep(A,400);
            Beep(A,400);
            Beep(G,400);
            Beep(G,400);
            Beep(H,400);
            Beep(H,400);
            Beep(G,400);
            Sleep(400);
```

```
        Beep(F,400);
        Beep(F,400);
        Beep(D,400);
        Beep(D,400);
        Beep(S,400);
        Beep(S,400);
        Beep(A,400);
            break;
    case 3:
        /*两只老虎*/
        printf("Two tigers\n");
        Beep(A,400);
        Beep(S,400);
        Beep(D,400);
        Beep(A,400);
        Beep(A,400);
        Beep(S,400);
        Beep(D,400);
        Beep(A,400);

        Beep(D,400);
        Beep(F,400);
        Beep(G,400);
        Beep(D,400);
        Beep(F,400);
        Beep(G,400);

        Beep(G,400);
        Beep(H,400);
        Beep(G,400);
        Beep(F,400);

        Beep(D,400);
        Beep(A,400);
        Beep(G,200);
        Beep(H,200);
        Beep(G,200);
        Beep(F,200);

        Beep(D,400);
        Beep(A,400);
        Beep(S,400);
        Beep(B,400);
        Beep(A,400);
        Sleep(400);

        Beep(S,400);
        Beep(B,400);
        Beep(A,400);
        Sleep(400);
        break;
    default:
        printf("Input errror! Please choose 1,2 or 3.\n");
    }
}
```

③ 执行结果。

例 3-16 执行结果如图 3-29 所示。

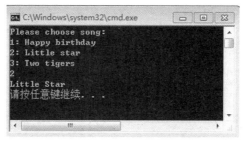

图 3-29 例 3-16 执行结果

例 3-17 趣味程序（移动的笑脸符号——单步移动）。请在输出窗口中的某一位置输出笑脸符号，通过上、下、左、右方向键对笑脸符号进行单步移动，输出结果示例如图 3-30 所示。

（a）移动前   （b）移动后

图 3-30 例 3-17 输出结果示例

① 编程分析。

（a）获取输出窗口的句柄函数——GetStdHandle。

● 函数原型：HANDLE GetStdHandle(DWORD nStdHandle)。

● 功能：Windows API 函数，用于从一个特定的标准设备（标准输入、标准输出）中取得一个句柄（用来标识不同设备的数值）。该函数的定义在 windows.h 文件中。

● 参数：nStdHandle。

    ♦ STD_INPUT_HANDLE   标准输入的句柄

    ♦ STD_OUTPUT_HANDLE   标准输出的句柄

    ♦ STD_ERROR_HANDLE   标准错误的句柄

（b）控制台屏幕坐标函数——COORD。

● COORD 是 Windows API 中定义的一种结构，表示一个字符在控制台屏幕上的坐标。

● 其定义为：

```
typedef struct _COORD
{
  SHORT X;/* horizontal coordinate*/
  SHORT Y;/* vertical coordinate*/
} COORD;
```

（c）设置光标的位置函数——SetConsoleCursorPosition。

● 函数原型：BOOL SetConsoleCursorPosition(HANDLE hConsoleOutput，COORD dwCursorPosition)。该函数的定义在 windows.h 文件中。

- 功能：Windows API 函数，设置控制台（cmd）光标位置。
- 参数：
    ♦ hConsoleOutput　　　窗口句柄
    ♦ dwCursorPosition　　　光标位置

（d）在指定位置上输出笑脸符号。

将输出窗口左上角视为原点（0，0），横轴为 x 轴，纵轴为 y 轴。设置在坐标（10，5）处输出笑脸符号。

（e）利用函数 getch 获取键盘上输入的符号（上、下、左、右方向键）。

- 函数：getch()。
- 功能：在 windows 平台下，从控制台无回显地获取一个字符。该函数的定义在 conio.h 文件中。另外，获取方向键的 ASCII 码要调用两次函数 getch，第一次获取方向键键值 224，第二次获取的键值用于区别上、下、左、右方向键。

（f）利用函数 switch 判断输入的功能键，如果是上、下、左、右方向键，则在原位置输出空格，并根据方向键重新设置光标且在新位置输出笑脸符号；否则，不进行任何处理。

② 程序代码。

程序代码如下：

```c
#include <Windows.h>
#include <stdio.h>
#include <conio.h>
#define  UP 72     /*向上*/
#define DOWN 80    /*向下*/
#define LEFT 75    /*向左*/
#define RIGHT 77   /*向右*/

void main()
{
    /*获取输出窗口句柄*/
    HANDLE hOut=GetStdHandle(STD_OUTPUT_HANDLE);
    /*定义光标变量*/
    COORD pos;
    /*设置光标位置*/
    pos.X= 10;
    pos.Y=5;
    SetConsoleCursorPosition(hOut,pos);
    /*输出笑脸*/
    putchar(2);
    /*获取键盘上输入的方向键*/
    int key1,key2;
    key1 = getch();
    key2 = getch();
    /*判断方向键,并移动笑脸*/
    SetConsoleCursorPosition(hOut,pos);
    switch (key1)
    {
    case 224:
        switch (key2)
        {
```

```
        case UP:
             putchar(' ');
             pos.Y--;
             break;
        case DOWN:
             putchar(' ');
             pos.Y++;
             break;
        case LEFT:
             putchar(' ');
             pos.X--;
             break;
        case RIGHT:
             putchar(' ');
             pos.X++;
             break;
        default:
             ; /*此时,除了输入上下左右方向键外,笑脸都不移动*/
        }
    }

    SetConsoleCursorPosition(hOut,pos);
    putchar(2);
}
```

3.5　循　环　结　构

　　C 语言有三种基本结构,本书已经介绍了顺序结构和选择结构,下面介绍最后一种结构——循环结构。
- 循环结构处理什么样的问题? 它的作用是什么?
- 设计循环结构时, 它的必备条件有哪些?
- 循环结构有哪些语句? 它们之间有什么区别与联系?

3.5.1　循环结构的概述

　　在现实生活中,常常有一些需要重复处理的问题和操作。例如, 1+2+3+…+100,重复执行加法运算 99 次;与这个问题相近的还有计算班级所有学生成绩的总和。在 C 语言中利用循环结构来解决需要重复处理的问题。

　　根据循环的类型,循环问题可以分为无休止循环和有终止循环两类。例如, 地球绕着太阳转这就是一个无休止循环,而统计班级中学生的成绩就是有终止循环。在程序的编写过程中,不能设计无休止的循环,否则程序将一直执行,且占用 CPU 和内存资源。需要注意的是, 在编写程序时, 不能设计无休止循环。计算机病毒就是一种无休止循环,虽然编程错误产生的无休止循环没有病毒的危害性大,但是程序将一直执行,且占用 CPU 和内存资源,同时还无法退出。

　　在设计循环结构时应重点关注构成循环的两个条件——循环体和循环结束条件。循环体是循环中需要重复执行的操作,如地球围绕太阳转、对每个学生的成绩进行累加等。循环结束条件就是指程序在何种情况下停止重复的操作，如计算 50 个学生的平均分时，累加的学生成绩次数大于等于 50 时即停止。

> 循环语句有 while 语句、do...while 语句和 for 语句：
> ● 不同的循环语句之间可以相互替换吗？
> ● 它们之间有区别吗？

3.5.2　while 语句

while 语句的一般形式：

```
while (表达式)
{
 语句;
}
```

while 语句的流程图如图 3-31 所示。

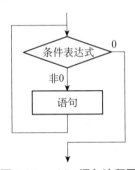

图 3-31　while 语句流程图

while 语句的具体执行过程为，首先计算条件表达式的值，如果条件表达式的值非 0，则执行循环体语句，否则执行 while 语句后的下一条语句。

while 语句为当型循环控制语句，其特点是先判断表达式后执行语句。

例 3-18　计算 1+2+...+100 的结果。（利用 while 语句实现）

① 编程分析。

（a）题目重复处理的操作为加法。整型变量 sum 用于存放累加的结果，那么 sum 的初值必须清零（int sum=0;）。

第 1 步：sum=sum+1=1;

第 2 步：sum=sum+2=1+2;

...

第 100 步：sum=sum+100=1+2+...+100。

如果以整型变量 i 表示第 i 步（i∈[1,100]），那么

第 i 步：sum=sum+i

因此，循环条件为 i>=1&&i<=100，循环体为 sum+=i。

（b）利用 while 循环完成（a）中的循环体。

（c）利用函数 printf 输出计算结果。

② 流程图。

例 3-18 流程图如图 3-32 所示。

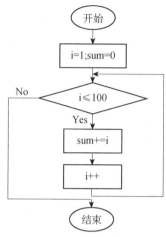

图 3-32　例 3-18 流程图

③ 程序代码。

程序代码如下：

```
#include <stdio.h>
void main()
{
    int i=1,sum=0;
    while(i<=100)
    {
        sum+=i;
        i++;
    }
    printf("1+2+...+100=%d\n",sum);
}
```

④ 执行结果。

例 3-18 执行结果如图 3-33 所示。

图 3-33　例 3-18 执行结果

例 3-19　趣味程序（计算器设计——运算符输入）从键盘输入一个运算符，当用户输入有误时，程序能够提示用户重新输入。（以 while 语句实现）

① 编程分析。

（a）运算符的数据类型可定义为字符型。定义字符型变量 oper 存放用户输入的运算符。

（b）从键盘输入一个运算符，并赋值给变量 oper。

（c）判断 oper 是否属于+、-、*、/这四种运算符。如果是，则结束循环；否则再次输入 oper 并循环判断。

② 流程图。

例 3-19 的流程图如图 3-34 所示。

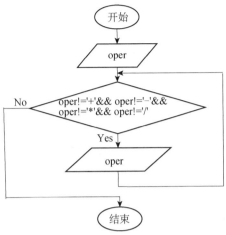

图 3-34　例 3-19 的流程图

③ 程序代码。

程序代码如下：

```
#include <stdio.h>
void main()
{
   char oper;
   printf("Please input an operator (+,-,*,/):\n");
   oper = getchar();//读入运算符
   fflush(stdin);//清除输入缓存中的字符
   while( oper !='+' && oper != '-' && oper !='*' && oper !='/')
   {
      printf("Please input an operator (+,-,*,/):\n");
      oper = getchar();//读入运算符
      fflush(stdin);//清除输入缓存中的字符
   }
}
```

④ 执行结果。

例 3-18 执行结果如图 3-35 所示。

```
Please input an operator (+, -, *, /):
=
Please input an operator (+, -, *, /):
*
请按任意键继续. . .
```

图 3-35　例 3-18 执行结果

3.5.3　do…while 语句

do…while 语句一般形式：

```
do{
    语句;
} while (表达式);
```

do...while 语句流程图如图 3-36 所示。

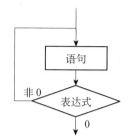

图 3-36　do...while 语句流程图

do...while 语句具体执行过程为：首先执行循环体语句，然后计算条件表达式的值；如果表达式的值非 0，则循环执行循环体语句；否则表达式的值为 0，则跳出循环，执行 do...while 语句后的下一条语句。

do...while 语句为"直到型"循环控制语句，其特点是先执行语句、后判断表达式，循环体至少执行一次。

例 3-20　计算 1+2+...+100 的结果。（以 do...while 语句实现）

① 编程分析。

（a）循环体分析同例 3-18。

（b）利用 do...while 循环完成循环体。

（c）利用函数 printf 输出计算结果。

② 流程图。

例 3-20 的流程图如图 3-37 所示。

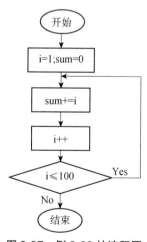

图 3-37　例 3-20 的流程图

③ 程序代码。

程序代码如下：

```
#include <stdio.h>
void main()
{
    int i=1,sum=0;
```

```
    do
    {
        sum+=i;
        i++;
    }while(i<=100);
    printf("1+2+...+100=%d\n",sum);
}
```

④ 执行结果。

例 3-20 执行结果如图 3-38 所示。

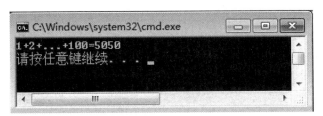

图 3-38　例 3-20 程序执行结果

例 3-21　趣味程序（计算器设计——运算符输入）。从键盘输入一个运算符，当用户输入有误时，程序能够提示用户重新输入。（以 do…while 语句实现）

① 编程分析。

（a）分析运算符的数据类型，可定义为字符型。定义字符型变量 oper 用于存放用户输入的运算符。

（b）使用 do…while 语句。

● 从键盘输入一个运算符，并赋值给变量 oper。

● 判断 oper 是否属于+、−、*、/这四种运算符。如果是，则结束循环；否则再次输入 oper 并循环判断。

② 流程图。

例 3-21 的流程图如图 3-39 所示。

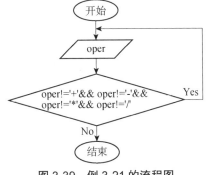

图 3-39　例 3-21 的流程图

③ 程序代码。

程序代码如下：

```
#include <stdio.h>
void main()
```

```
{
  char oper;
  do
  {
    printf("Please input an operator (+,-,*,/):\n");
    oper = getchar();//读入运算符
    fflush(stdin);//清除输入缓存中的字符
  } while( oper != '+' && oper != '-' && oper != '*' && oper != '/');
}
```

④ 执行结果。

例 3-21 执行结果如图 3-40 所示。

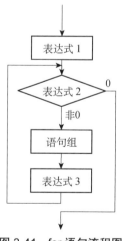

图 3-40　例 3-21 程序执行结果

3.5.4　for 语句

for 语句的一般形式：

```
for(表达式 1;表达式 2;表达式 3)
{
    语句;
}
```

for 语句的流程图如图 3-41 所示。

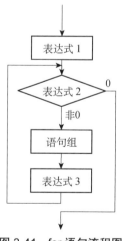

图 3-41　for 语句流程图

for 语句是 C 语言中最为强大的循环控制语句，其具体执行过程如下。

第 1 步：计算表达式 1 的值。

第 2 步：计算表达式 2 的值，若值为真（非 0）则执行循环体语句组一次，并转至第 3 步；否则跳出循环。

第 3 步：计算表达式 3 的值，跳转回第 2 步重复执行。

for 语句最简单的应用形式：

```
for(循环变量赋初值;循环条件;循环变量增值)
   语句
```

使用 for 语句时应注意以下事项。

① for 循环条件语句中由三个部分组成，且这三个部分必须用;隔开。

② 表达式 1 的作用是对循环变量赋初值，表达式 2 则是循环结束条件，表达式 3 负责为循环变量增（减）值。

③ for 循环中"循环变量初始值"（表达式 1 的值）可以为空，此时必须在 for 循环之前为其定义初始值。

④ for 循环中"条件表达式"（表达式 2）可以省略，此时程序会成为"死循环"。

⑤ for 循环中"循环变量增（减）值"（表达式 3）也可以省略。但为了保证程序正常运行，必须在 for 循环语句中有变量增（减）值，否则程序也会变为死循环。例如：

```
for(i=1;i<=100;)
{
   ...
   i++;
}
```

例 3-22　计算 1+2+...+100 的结果。（以 for 语句实现）

① 编程分析。

（a）循环体分析同例 3-18。

（b）利用 for 循环完成循环体。

（c）利用函数 printf 输出计算结果。

② 流程图。

例 3-22 的流程图如图 3-42 所示。

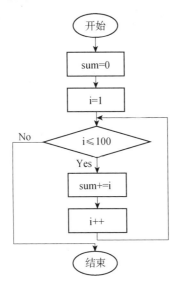

图 3-42　例 3-22 的流程图

③ 程序代码。

程序代码如下：

```
#include <stdio.h>
void main()
{
    int i,sum=0;
    for(i=1;i<=100;i++)
    {
     sum+=i;
    }
    printf("1+2+...+100=%d\n",sum);
}
```

④ 执行结果。

例 3-22 执行结果如图 3-43 所示。

图 3-43　例 3-22 执行结果

> 循环语句有 while 语句、do...while 语句、for 语句等形式。
> ● 在许多实际问题处理过程中，while、do...while、for 语句可以相互替换，如例 3-17～例 3-21。
> ● 它们的区别如下。
> ◆ 当循环条件不满足时，while 语句的循环体的最少执行次数为 0 次，而 do...while 语句的循环体最少执行次数为 1 次。
> ◆ for 语句更适用于循环次数明确的场景，尤其是对数组的遍历。

循环变量的值必须是整数吗？下面介绍两个趣味程序：

● 绘制心形图案；

● 移动的笑脸符号（方框的绘制）。

例 3-23　趣味程序：在屏幕上绘制心形图案。

① 编程分析。

（a）根据心形曲线公式 $x^2+(y-\sqrt[3]{x^2})^2=1$，在屏幕上绘制如图 3-44 所示心形曲线。

（b）定义单精度类型变量 x、y 表示坐标（x，y）。定义单精度变量 $z=x^2+(y-\sqrt[3]{x^2})^2-1$，如果 z<0，则（x，y）在心形曲线内部。

（c）利用 for 循环完成心形图案的绘制。其中，心形内部输出*号，外部输出空格。

② 在编写程序时需注意如下问题。

（a）在屏幕上绘制图形时，由于行与行之间有行间距，所以 x 轴的循环递增（减）的值应小于 y 轴的值，以保证输出图形的美观性。

（b）for 语句中循环变量 x、y 为单精度实型。

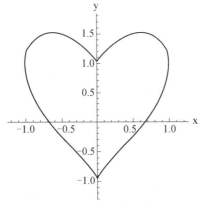

图 3-44　心形曲线

③ 程序代码。

程序代码如下：

```c
#include <stdio.h>
#include <math.h>
void main()
{
    float x,y;
    for (y=1.5;y>-1.5;y-=0.1)
    {
        for (x=-1.5;x<1.0;x+=0.05)
        if(x*x+(y-powf(x*x,1.0/3))*(y-powf(x*x,1.0/3))-1<0)
            putchar('*');
        else
            putchar(' ');
        putchar('\n');
    }
}
```

④ 执行结果。

例 3-23 执行结果如图 3-45 所示。

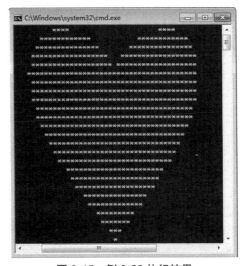

图 3-45　例 3-23 执行结果

例 3-24　趣味程序（移动的笑脸符号——方框的绘制）。请在输出屏幕某一位置上绘制一个方框，方框中心输出笑脸符号，输出结果示例如图 3-46 所示。

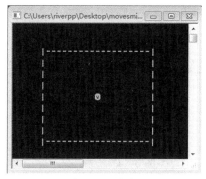

图 3-46　例 3-24 输出结果示例

① 编程分析。

（a）方框的坐标。

将输出窗口左上角视为原点（0，0），横轴为 x 轴，纵轴为 y 轴；方框在 x 轴的坐标分别定义为整型变量 left 和 right，方框在 y 轴的坐标分别定义为整型变量 top 和 bottom。方框在输出窗口上的坐标如图 3-47 所示。

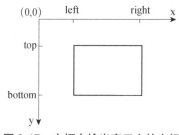

图 3-47　方框在输出窗口上的坐标

（b）获取输出窗口的句柄。

利用函数 GetStdHandle 获取输出窗口的句柄。

（c）控制台屏幕坐标 COORD。

利用函数 SetConsoleCursorPosition 设置光标的位置。

（d）利用 for 循环语句输出方框的四条边线。

（e）求方框的中心坐标，并在此坐标处输出笑脸符号。

② 程序代码。

程序代码如下：

```
#include <stdio.h>
#include <windows.h>
void main()
{
    /*获取输出窗口句柄*/
    HANDLE hOut=GetStdHandle(STD_OUTPUT_HANDLE);
    /*设置边框在 x 轴和 y 轴上的坐标*/
    int left=10;
    int right=30;
```

```
    int top=5;
    int bottom=15;
    /*定义光标变量*/
    COORD pos;
    /*定义循环变量*/
    int i,j;
    /*绘制方框最上边和最下边的横线*/
    for(i=left;i<right+1;i++)
    {
        pos.Y=top;
        pos.X=i;
        SetConsoleCursorPosition(hOut,pos);
        putchar('-');

        pos.Y=bottom;
        pos.X=i;
        SetConsoleCursorPosition(hOut,pos);
        putchar('-');
    }
    /*绘制方框最左边和最右边的竖线*/
    for (j=top;j<bottom+1;j++)
    {
        pos.X=left;
        pos.Y=j;
        SetConsoleCursorPosition(hOut,pos);
        putchar('|');

        pos.X=right;
        pos.Y=j;
        SetConsoleCursorPosition(hOut,pos);
        putchar('|');
    }
    /*获取方框的中心位置,绘制笑脸*/
    pos.X=(left+right)/2;
    pos.Y=(bottom+top)/2;
    SetConsoleCursorPosition(hOut,pos);
    putchar(2);
    printf("\n\n\n\n\n\n\n");
}
```

3.5.5　转移控制语句

1. break 语句

break 语句的一般形式：

```
break;
```

break 语句功能：中断循环体，直接跳出循环，接着执行循环体后的下一条语句。

例如：

```
for(sum=0,i=0;;i++)
{
    sum+=i;
    if(i==5)break;
}
```

程序从 i=0 开始循环，直到计算到 i 的值为 5 时结束。当 i==5 时，if 语句为真，执行 break 语句，即刻终止循环，不再执行循环体。

使用 break 语句时需要注意如下事项。

- 使用 break 语句可以使流程跳出循环结构，并继续执行循环体后的下一条语句。
- break 语句不能用于循环语句和 switch 语句之外的其他语句。

2. continue 语句

continue 语句的一般形式：

```
continue;
```

continue 语句功能：结束本次循环体，跳过循环体内 continue 语句之后尚未执行的语句组，接着进行下一次循环的判断。

例如：

```
for(sum=0,i=0;i<10;i++)
{
  if(i%2)continue;
  sum+=i;
}
```

当 i 对 2 求余等于 1，即 i 为奇数时，执行 continue 语句，并结束本次循环；只有 i 为偶数时，才执行 sum+=i;语句。因此，上例的循环语句等价于：

```
for(sum=0,i=0;i<10;i+=2)
{
  sum+=i;
}
```

> continue 语句和 break 语句的区别如下。
> - continue 语句只结束本次循环，而不是终止整个循环过程。
> - break 语句结束整个循环过程，不再判断执行循环的条件是否成立。

3.5.6 循环的嵌套

循环的嵌套的形式是一个循环体内包含另一个完整的循环结构。如果内嵌的循环中还有嵌套循环，则称为多层循环。三种循环（while 循环、do...while 循环和 for 循环）可以互相嵌套。

例 3-25 输出如下所示三行、每行 5 个*的图案。

*****

*****

*****

① 编程分析。

（a）输出一个*。

```
putchar('*');
```

（b）以单层循环实现每行打印 5 个*。

```
for (j=0;j<5;j++)
    putchar('*');
```

（c）以两层循环实现（b）的循环。

```
for (i=0;i<3;i++)
{
    for (j=0;j<5;j++)
        putchar('*');
    putchar('\n');
}
```

② 程序代码。

程序代码如下：

```
#include <stdio.h>
void main()
{
    int i,j;
    for (i=0;i<3;i++)
    {
        for (j=0;j<5;j++)
            putchar('*');
        putchar('\n');
    }
}
```

③ 执行结果。

例 3-25 执行结果如图 3-48 所示。

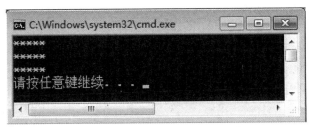

图 3-48　例 3-25 执行结果

课 后 练 习

一、判断题

（1）100 的逻辑值是真。（　　　）

（2）关系表达式和逻辑表达式的值只能是 0 或 1。（　　　）

（3）在嵌套中使用 if 语句时，C 语言规定 else 总是和之前与其最近的且不带 else 的 if 配对。（　　　）

（4）while（x%3!=0）和 while（x%3）等价。（　　　）

（5）for、while、do…while 循环分别有特定的用处，不能互相代替。（　　　）

（6）循环体中如果包含一条以上的语句，则应该用大括号括起来，以复合语句形式出现。（　　　）

（7）在 while、do...while 和 for 循环中可以使用 break 结束本次循环，使用 continue 跳出循环。（　　　）

（8）使用系统库函数时，要在程序中使用预编译命令#include。（　　　　）

二、填空题

（1）下列程序的输出结果是＿＿＿＿＿＿＿。

```
void main()
{
  int a;
  char b;
  b='b';
  a=b+1;
  putchar(a);
  putchar(b);
}
```

（2）运行下列程序时，若从键盘依次输入 10、20、30 及回车，则输出的结果是＿＿＿＿＿＿＿。

```
void main()
{(2)
  int i=0,j=0,k=0;
  scanf("%d%d%d",&i,&j,&k);
  printf("%d,%d,%d\n",i,j,k);
}
```

（3）下列程序的输出结果是＿＿＿＿＿＿＿。

```
int x=6,y=7;
printf("%d,%d\n",x++,++y);
```

（4）能够正确表示 a≥10 或 a≤0 的逻辑表达式是＿＿＿＿＿＿＿。

（5）下列程序的输出结果是＿＿＿＿＿＿＿。

```
#include <stdio.h>
void main()
{
  int x=2,y=2,z=2;
  if(x<y)
  if(y<0)
  z = 0;
  else z+=1;
  else z-=1;
  printf("%d\n",z);
}
```

（6）下列程序的输出结果是＿＿＿＿＿＿＿。

```
#include <stdio.h>
void main()
{
  int a=5,b=4,c=3,d=2;
  if(a>b>c)
    printf("%d\n",d);
  else
```

```
    if((c-1>=d)==1)
      printf("%d\n",d+1);
    else
      printf("%d\n",d+2);
}
```

（7）下列程序的输出结果是_____。

```
#include <stdio.h>
void main()
{
    int s,i;
    for(s=0,i=1;i<3;i++,s+=i);
    printf("%d\n",s);
}
```

三、选择题

（1）当运行下列程序时输入 a 和回车，则以下叙述正确的是_____。

```
void main()
{
  char c1,c2;
  c1=getchar();
  c2=getchar();
  putchar(c1);
  putchar(c2);
}
```

  A. 变量 c1 被赋予字符 a，c2 被赋予回车符。

  B. 程序将等待用户输入第 2 个字符。

  C. 变量 c1 被赋予字符 a 回车符，c2 将无确定值。

  D. 变量 c1 被赋予字符 a，c2 中将无确定值。

（2）下列程序的执行结果是_____。

```
#include <stdio.h>
void main()
{
  int a=0,b=0,c=0,d=0;
  if(a=1)
  {
    b=1;
    c-2;
  }
  else
    d=3;
  printf("%d,%d,%d,%d\n",a,b,c,d);
}
```

  A. 1，1，2，0   B. 0，1，2，0   C. 0，0，0，3   D. 1，2，2，0

（3）C 语言用_____表示逻辑"真"值。

  A. True   B. 0   C. Yes   D. 非 0

（4）下列程序的执行结果是_____。

```
void main()
{
```

```
int k1=1,k2=2,k3=3,x=15;
if(!k1)
x--;
else if(k2)
if(k3)
x=4;
else
x=3;
printf("x=%d\n",x);
}
```

  A. x=15   B. x=3   C. x=14   D. x=4

（5）为使下列程序段不陷入死循环，则应从键盘输入的数据为_____。

```
int n,t=1,s=0;
scanf("%d",&n);
do
{
    s=s+t;
    t=t-2;
} while(t!=n);
```

  A. 任意负奇数   B. 任意负偶数   C. 任意正奇数   D. 任意正偶数

（6）以下 for 循环的循环次数是_____。

```
for(x=0,y=0;(y!=123)&&(x<4);x++);
```

  A. 执行 4 次   B. 无限循环   C. 循环次数不定   D. 执行 3 次

（7）下列程序的执行结果是_____。

```
void main()
{
    int i,j,m=55;
    for(i=1;i<=3;i++)
    for(j=3;j<=i;j++)
    m=m%j;
    printf("%d\n",m);
}
```

  A. 3   B. 2   C. 0   D. 1

（8）下列程序的执行结果是_____。

```
void main()
{
    int i,j,x=0;
    for(i=1;i<3;i++)
    {
        x++;
        for(j=0;j<=3;j++)
        {
            if(j%2)break;
            x++;
        }
        x++;
    }
    printf("x=%d\n",x);
}
```

A. x=6　　　　　B. x=4　　　　　C. x=3　　　　　D. x=12

（9）下列程序的执行结果是_____。

```
void main()
  {
    int y=0;
    while(y--);
    printf("y=%d\n",y);
}
```

A. while 构成无限循环　　　　　B. y=-1

C. y=0　　　　　　　　　　　D. y=1

（10）执行下列程序时，while 循环的次数是_____。

```
void main()
{
  int i = 0;
  while (i<10)
  {
    if (i<1)
      continue;
    if (i==5)
      break;
    i++;
  }
}
```

A. 6　　　　　　　　　　　B. 死循环，不能确定次数

C. 1　　　　　　　　　　　D. 10

四、程序填空

输入三个整数，输出这三个整数中的最大值。请补充下面程序中空白的语句。

```
void main()
{
  int a,b,c,max;
  printf("\n input two numbers:");
  scanf("%d,%d,%d",&a,&b,&c);
  /*比较 a,b,c,将最大值赋值给 max*/
  if(a>b)
    ____(1)____
  else
    ____(2)____
  if(____(3)____)
      max=c;
  printf("max=%d",max);
}
```

第4章

数　组

第4章微课、课件
及其他资源

本书在第2章中已经介绍了 C 语言的基本数据类型，通过对基本数据的描述能够实现对基本的数学运算编程。那么，如何描述现实中的各种数据，如一维数据（如声音）、二维数据（如图形、图像）或其他多维信号呢？本章将介绍组合数据类型数组，用来描述具有相同属性的一组数据（包括一维数据、二维数据或多维数据），并利用二维数组实现趣味程序迷宫的数据描述。

利用 C 语言的基本数据类型和语句能够处理一些简单的问题，如一个学生的成绩信息，但是多个学生或一个班级的学生的成绩信息应如何处理呢？

例如，对于一个班级中 30 个学生的成绩，有两种方式描述这些数据。

- 普通变量代表 30 个学生的成绩：s1、s2、…、s30。
- 数组 s[30]代表 30 个学生的成绩：s[0]、s[1]、…、s[29]。

采用普通变量的方式描述 30 个学生的成绩需要定义 30 个变量，在 C 语言中不能使用…号，必须依次定义，较为费时费力。因此，在实际应用中，如果需要处理一批相同性质的数据，则应使用构造型数据类型——数组。

数组是由具有同一属性的若干数据组成的一个有序集合，该集合中的每一个数据称为数组的元素，数组中的所有元素的数据类型相同。可以用数组名和下标来确定数组中的元素，其中数组的下标从 0 开始，如数组 s[30]中第 6 个元素是 s[5]。因为数组的下标有序递增，所以可以通过循环语句对数组元素进行遍历。

因此，处理 30 个学生的 1 门课程的成绩可以使用一维数组进行存储，那么处理 30 个学生的多门课程的成绩可以使用二维数组。在实际应用中也可能面临处理二维图像数据的情况，此时可以通过二维数组进行处理。为了表示立体三维空间的数据，则可以定义三维数组。事实上，C 语言中对数组的维数没有过多的限制，但使用最多的是一维数组和二维数组。

4.1　一　维　数　组

一维数组是数组中最为常见的数据类型，可以用于描述现实中的声音等信息。一维数组中的所有元素在内存中连续存放。

4.1.1　一维数组的定义和引用

（1）一维数组的定义。

定义一维数组的形式：

```
类型符　数组名[常量表达式];
```

定义一维数组时需要同时指定数组的类型、数组名及数组中包含元素的个数。以描述 30 个学生 1 门课程的成绩为例，首先为数组命名，命名数组时需符合标识符命名规则。在此例中命名数组为 s。数组的类型与数组中各个元素的类型一致，学生的成绩通常定义为 float 类型，因此数组 s 的类型也为 float 类型。此例中共计描述 30 个学生的成绩，因此数组中元素个数为 30。此数组的定义为：

```
float s[30];
```

（2）定义一维数组时的注意事项。

定义一维数组时需要注意如下几个事项。

● 数组的数据类型说明符的作用是定义数组元素的数据类型。因此，数组的数据类型说明符可以是 C 语言支持的所有数据类型，既包括整型、实型、字符型等基本类型，又包括构造类型，如结构体、共用体及指针。

● 数组名的命名规则遵循标识符命名规则。

● 中括号[]在 C 语言中作为下标运算符，在定义和引用数组时不可或缺。

● 数组利用常量表达式定义数组元素的个数，因此常量表达式应为整型常量表达式。它界定了数组分配内存的大小，因此只能是常量，不能是变量。

（3）一维数组的引用。

一维数组的引用形式：

```
数组名[下标]
```

数组名实质上是数组在内存中的首地址，下标则表明当前元素相对于数组首地址的偏移量。数组元素从 0 开始顺序编号，如数组 s[30]的元素分别为 s[0]、s[1]、…、s[29]。因此，对于一个包含 N 个元素的数组，其最后一个可以被引用的元素下标为 N−1，运行时超过这个范围则会出现数组引用越界的错误。

（4）引用数组元素时应遵循的规则。

引用数组元素时要遵循如下规则：

● 先定义、后引用；

● 只能逐个引用数组中的元素，而不能一次引用整个数组中的全部元素。

4.1.2　一维数组的存储

从逻辑角度，一维数组是一个一行多列的表格，如图 4-1 所示。在存储空间中，一维数组在内存中连续存放，其中第一个元素的地址即为数组的首地址。数组名是一个常量，代表数组的首地址，即数组中第一个元素的地址。一维数组的存储结构与逻辑结构是一致的，如整型数组 a[5]包括 5 个元素，各个元素在内存中连续存放，如图 4-2 所示。

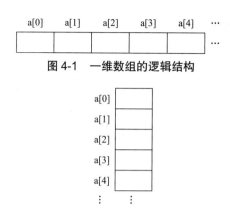

图 4-1 一维数组的逻辑结构

图 4-2 一维数组的存储结构

4.1.3 一维数组的初始化

在定义数组时对数组元素赋初值，称为数组的初始化。在初始化一维数组时，应使用大括号将各个元素的值括起来，再按照各元素的先后顺序进行赋值。

（1）全部元素的初始化。

例如：

```
int a[10]={0,1,2,3,4,5,6,7,8,9};
```

其中，a[0]的值为 0，a[4]的值为 3。

（2）部分元素的初始化。

可以只为一部分元素赋初值。

例如：

```
int a[10]={0,1,2,3,4};
```

其中，a[0]的值为 0，a[4]的值为 3。那么后面未赋初值元素的值是多少呢？C 语言规定，如果数组的类型为整型或实型，当为部分元素赋初值时，将 0 赋值给未赋值的元素。因此，a[5]的值为 0。

（3）不指定元素个数。

在对全部数组元素赋初值时，可以不指定数组长度，编译器会根据已赋初值的情况计算数组的实际长度。

例如：

```
int a[5]={1,2,3,4,5};
```

可以写成：

```
int a[]={1,2,3,4,5};
```

编译器会根据大括号中的元素个数来确定数组长度，如上例中的数组长度为 5。

4.1.4 一维数组的应用

例 4-1 利用数组来处理 Fibonacci 数列问题，并在屏幕上显示数列的前 20 个元素。

已知： 1   1   2   3   5
       8   13   21   34   55
          ...

① 编程分析。

（a）数据结构。

类型	题目要求	形式语言（C）的表达
待求数据	Fibonacci 数列的前 20 个元素	以整型数组 f[20]描述
输出数据	Fibonacci 数列的前 20 个元素	整型数组 f[20]

（b）算法。

分析 Fibonacci 数列的特点。

   1   1   2   3   5 ...

f[0] f[1] f[2] f[3] f[4] ...

f[0]=1；

f[1]=1；

f[2]=f[0]+f[1]；

f[3]=f[1]+f[2]；

...

f[19]=f[18]+f[17]

除 f[0]、f[1]的值没有规律外，其他元素的值均可以通过计算其前面两个元素的和得到。

算法流程	形式语言（C）的表达
求 f[20]的前 2 个元素的值	通过赋初值的方式，为 f[0]、f[1]赋值： int f[20]={1, 1}；
求 f[20]的其他 18 个元素的值	定义整型变量 i∈[2，19]，那么[i]=f[i-2]+f[i-1]； 使用循环语句对其余元素赋值
输出	利用函数 printf 循环输出各元素的值

② 程序代码。

程序代码如下：

```
#include <stdio.h>
void main()
{
    int f[20]={1,1};
    int i;
    for(i=2;i<20;i++)
        f[i]=f[i-1]+f[i-2];

    for(i=0;i<20;i++)
        printf("%d",f[i]);
    printf("\n");
}
```

③ 执行结果。

例 4-1 执行结果如图 4-3 所示。

图 4-3　例 4-1 执行结果

例 4-2　计算两个复数间的加法运算。

① 编程分析。

（a）数据结构。

表示复数的数组的数据类型可以定义为实型数组。

类型	题目要求	形式语言（C）的表达
已知数据	2 个复数	float comp1[2]，comp2[2];
输出数据	2 个复数的和	用 comp1[2]存放两个复数的和

在复数 comp1[2]、comp2[2]中，comp1[0]存放复数 comp1 的实部，comp1[1]存放 comp1 的虚部；comp2[0]存放 comp2 的实部，comp2[1]存放 comp2 的虚部。

（b）算法。

计算两个复数的加法，并将其和存放在 comp1 中，流程图如图 4-4 所示。

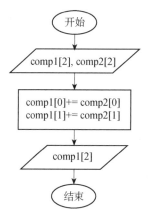

图 4-4　例 4-2 流程图

② 程序代码。

程序代码如下：

```
#include <stdio.h>
void main()
{
    float comp1[2],comp2[2];
    /*输入第一个复数*/
    printf("Please input a complex:\n");
    scanf("%f%f",& comp1[0],& comp1[1]);
    /*输入第二个复数*/
    printf("Please input the other complex:\n");
    scanf("%f%f",& comp2[0],& comp2[1]);
    /*计算两个复数的和*/
```

```
comp1[0] +=comp2[0];
comp1[1] +=comp2[1];
printf("= %.2f",comp1[0]);
if (comp1[1]>0)
    printf("+%.2fi\n",comp1[1]);
else if (comp1[1]<0)
    printf("%.2fi\n",comp1[1]);
}
```

③ 执行结果。

例 4-2 执行结果如图 4-5 所示。

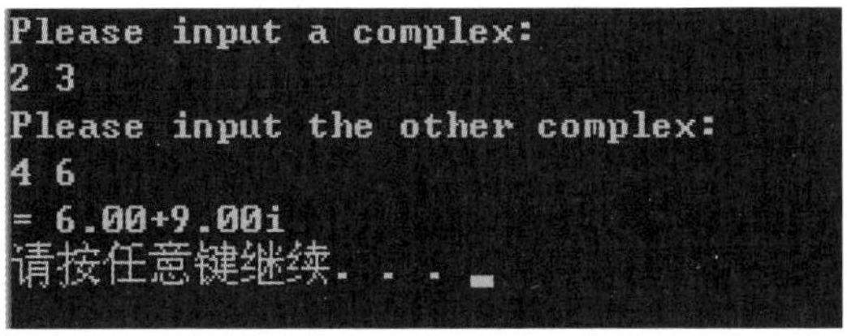

图 4-5　例 4-2 执行结果

4.2　二　维　数　组

一维数组可以描述一个班级的所有学生某一门课程的成绩，那么如何描述一个班级中所有学生的多门课程的成绩呢？如何描述现实中的二维数据（图形、图像等）呢？本节介绍利用二维数组实现对二维表格、二维图像等数据的描述。

4.2.1　二维数组的定义和引用

（1）二维数组的定义。

定义二维数组的形式：

类型符　数组名[常量表达式 1][常量表达式 2];

定义二维数组时需要指定数组的类型、数组名，以及数组的行数（常量表达式 1）和列数（常量表达式 2）。以描述 30 个学生两门课程的成绩为例，首先命名数组，数组名的命名符合标识符命名规则。在此例中命名数组为 s。数组的类型与数组中各个元素的类型一致，学生的成绩通常定义为 float 类型，因此数组 s 的类型也定义为 float 类型。此例中共计描述 30 个学生两门课程的成绩，因此数组中行数为 30、列数为 2。数组的定义为：

float s[30][2];

（2）二维数组的引用。

二维数组的引用形式：

数组名[行下标][列下标]

其中，无论行下标还是列下标都从 0 开始。例如，s[5][1]即表示引用数组 s[30][2]中第 6 个学生第 2 门课程的成绩。

4.2.2　二维数组的存储

二维数组是一个多行、多列的二维表格。例如，二维数组 a[5][2]的逻辑结构如图 4-6 所示。可以把二维数组看作一种特殊的一维数组，它的元素是一个一维数组。在存储空间中，二维数组在内存中按行连续存放。例如，二维数组 a[5][2]的各个元素在内存中的存储结构如图 4-7 所示。

a[0]	a[0][0]	a[0][1]
a[1]	a[1][0]	a[1][1]
a[2]	a[2][0]	a[2][1]
a[3]	a[3][0]	a[3][1]
a[4]	a[4][0]	a[4][1]

图 4-6　二维数组 a[5][2]的逻辑结构

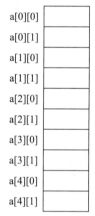

图 4-7　二维数组 a[5][2]的存储结构

4.2.3　二维数组的初始化

（1）全部初始化。

初始化二维数组时，可以分行为二维数组赋初值。例如：

```
float b[2][5]={{0,1,2,3,4},{5,6,7,8,9}};
```

也可以将所有数据写在一个大括弧内。例如：

```
float b[2][5]={0,1,2,3,4,5,6,7,8,9};
```

（2）部分初始化。

部分初始化二维数组时，可以对二维数组进行部分赋初值。例如：

```
float b[2][5]={{1},{5}};
```

它的作用是只对每行的第一个元素赋初始值，其余元素自动赋值为 0。

（3）可以不指定行数，系统将根据赋初值个数和列标的值自动计算数组行标的长度。例如：

```
float b[ ][5]={0,1,2,3,4,5,6,7,8,9};
```

上例中，系统会根据元素总个数和列下标的长度自动计算数组行下标的值。

4.2.4　二维数组的应用

例 4-3　请分别输入 5 个学生的数学和语文成绩，计算并输出每门课程的平均分数。

① 编程分析。

（a）数据结构。

类型	题目要求	形式语言（C）的表达
输入数据	5 个学生的数学和语文成绩	float s[5][2];
输出数据	每门课程的平均分数	float mean[2]

数组 s[5][2]中的每一行表示一个学生的成绩，第 1 列表示数学成绩，第 2 列表示语文成绩，数组 s[5][2]的逻辑结构如图 4-8 所示。数组 mean[2]中，元素 mean[0]表示数学成绩的平均分数，元素 mean[1]表示语文成绩的平均分数。

s[0]	s[0][0]	s[0][1]
s[1]	s[1][0]	s[1][1]
s[2]	s[2][0]	s[2][1]
s[3]	s[3][0]	s[3][1]
s[4]	s[4][0]	s[4][1]

图 4-8　数组 s[5][2]逻辑结构

（b）算法。

计算课程平均分：

```
数学平均分=数学总分/人数
mean[0] = (s[0][0]+s[1][0]+s[2][0]+s[3][0]+s[4][0])/5
int i;   i>=0&&i<5
mean[0]=0       mean[0]/=5
语文平均分=语文总分/人数
mean[1]=0       mean[1]+=s[i][1]       mean[1]/=5
```

算法流程	形式语言（C）的表达
输入数组 s[5][2]各个元素的值	利用函数 scanf 循环输入 s[5][2]各个元素的值
求 5 个学生的数学与语文成绩的累加和	mean[0]+=s[i][0] mean[1]+=s[i][1]
计算两门课程的平均分数	mean[0]/=5 mean[1]/=5
输出两门课程的平均分数	利用函数 printf 循环输出数组 mean[2]中各个元素的值

② 程序代码。

程序代码如下。

```
#include <stdio.h>
void main()
{
    float s[5][2];
```

```
int i,j;
printf("Please input s[5][2]:\n");
for(i=0;i<5;i++)
    for(j=0;j<2;j++)
        scanf("%f",&s[i][j]);
float mean[2]={0.0f,0.0f};
for(j=0;j<2;j++)
    for(i=0;i<5;i++)
        mean[j]+=s[i][j];
for(j=0;j<2;j++)
{
    mean[j]/=5;
    printf("The average of Class %d is %.1f\n",j+1,mean[j]);
}
}
```

③ 执行结果。

例 4-3 执行结果如图 4-9 所示。

图 4-9　例 4-3 执行结果

注意：为了便于验证程序计算平均值的准确性，输入 5 个学生的语文成绩都为 60、数学成绩都为 80。

例 4-4　趣味程序（迷宫 1）。分析迷宫算法，并完成迷宫数据类型的定义、初始化及迷宫的绘制。

① 编程分析。

迷宫是一个简单、有趣的小游戏。如图 4-10 所示为事先编写的一个可执行程序，程序中以星号（☆）表示走迷宫的人（目标对象），初始位置设置在迷宫入口处，程序中黑色部分表示路径，重点符号（※）表示墙，右下角处"出"字表示迷宫出口。迷宫中从入口到出口有一条唯一的通路。用户可以通过方向键（上、下、左、右）移动目标对象（☆）从入口移动到出口。

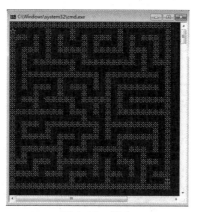

图 4-10　迷宫

迷宫项目程序设计主要分为算法分析、迷宫数据类型的定义、迷宫的初始化与绘制、迷宫地图生成和迷宫游戏几个部分，其中难点集中在算法分析、迷宫地图生成和迷宫游戏部分。

● 迷宫地图的生成要求绘制出迷宫地图。在地图中，从入口到出口有且只有一条通路。

● 迷宫游戏要求用户可以通过方向键（上、下、左、右）从入口到出口移动目标对象，此部分与本书前面讲解的趣味程序（移动的笑脸符号）颇为相似。

此例题中，重点讲解迷宫项目算法分析、迷宫数据类型的定义、迷宫的初始化与绘制，其他部分在第 5 章中讲解。

迷宫的实现有多种不同的方法，本例中利用深度优先生成树算法实现迷宫地图的设计。

（a）利用深度优先生成树算法实现迷宫地图的设计。

● 背景知识。

此算法属于离散数学中图论的知识，为了便于理解首先介绍一些相关知识。

图：由顶点与边构成的集合，如图 4-11 所示。

树：一种很特殊的图，任意两顶点之间都连通，并且没有"环"的图，如图 4-12 所示看起来就像一棵倒立的树。

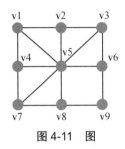

图 4-11　图　　　　　　　　　　　　　　图 4-12　树

生成树：图的生成子图如果是树则称为生成树。生成树无回路、任意两顶点间都有唯一通路，恰好满足迷宫设计的要求。

● 深度优先生成树算法。

在图 4-11 中求得生成树，即得到了迷宫地图。本例中采用深度优先生成树算法。下面以图 4-11 为例生成迷宫地图。

第 1 步：从顶点 v1 开始（见图 4-13（a）），其相邻顶点分别为 v2、v4，任意选取一个邻接顶点进行遍历，如选择 v2。以边连接顶点 v1 和 v2，将顶点 v4 存入待遍历顶点中，如图 4-13（b）所示。

第 2 步：从顶点 v2 开始，其邻接的未被遍历过的顶点为 v3、v5，任意选取一个邻接顶点进行遍历，如选择 v3。以边连接顶点 v2 和 v3，将顶点 v5 存入待遍历顶点中，如图 4-13（c）所示。

第 3 步：从顶点 v3 开始，其邻接的未被遍历过的顶点为 v6，以边连接顶点 v3 和 v6，如图 4-13（d）所示。

第 4 步：从顶点 v6 开始，其邻接的未被遍历过的顶点为 v5、v9，任意选取一个邻接顶点进行遍历，如选择 v5。以边连接顶点 v6 和 v5，将顶点 v9 存入待遍历顶点中，如图 4-13（e）所示。

第 5 步：从顶点 v5 开始，其邻接的未被遍历过的顶点为 v4、v8，任意选取一个邻接顶点进行遍历，如选择 v8。以边连接顶点 v5 和 v8，如图 4-13（f）所示。

第 6 步：从顶点 v8 开始，其邻接的未被遍历过的顶点为 v7、v9，任意选取一个邻接顶点进行遍历，如选择 v9。以边连接顶点 v8 和 v9。将顶点 v7 存入待遍历顶点中，如图 4-13（g）所示。

第 7 步：顶点 v9 没有未遍历的邻接顶点，所以返回处理待遍历顶点，可任意选择一个待遍历顶点，如选择 v7。将顶点 v7 与其邻接顶点 v8 相连接，如图 4-13（h）所示。

第 8 步：处理待遍历的顶点 v4，将顶点 v4 与邻接顶点 v1 相连接，所有顶点处理完毕，生成树生成完毕，如图 4-13（i）所示。

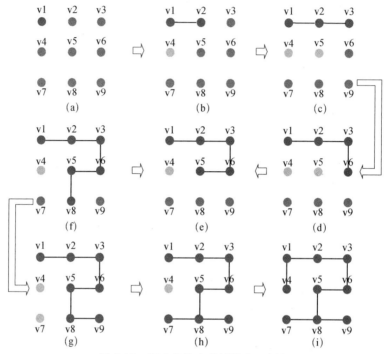

图 4-13　深度优先生成树算法示意图

（b）数据描述。

首先，考虑数据的描述。如图 4-13（i）所示中共 9 个顶点，还有边需要描述，可采用 5×5 的二维数组来描述，如图 4-14 所示。另外，迷宫的最外层除出口和入口外均为封闭的墙，所以考虑以 7×7 的二维数组来描述迷宫，如图 4-15 所示。

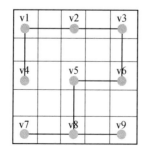

图 4-14　以 5×5 的二维数组描述迷宫

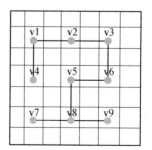

图 4-15　以 7×7 的二维数组描述迷宫

（c）迷宫地图的初始化。

以整型数组 Map 描述迷宫：

```
int Map[7][7];
```

在迷宫数组 Map 中，各元素的值以 0 表示路，以 1 表示墙。在生成迷宫前，迷宫数组的各元素应初始化为墙，其中边框不参与地图的生成，初始化为路。

（d）迷宫地图的绘制。

如图 4-16 所示为根据深度优先生成树算法求得生成树后的迷宫示意图，以灰色表示墙，以白色表示路。因为生成树中任意两个节点都有通路，所以出/入口只需选择数组边框中任意下标值为奇数的位置即可。

图 4-16　迷宫示意图

在迷宫的绘制中以空格表示路，※表示墙，入口为出、入两处。请注意控制台输出中存在行距的问题，在每行输出路时，因为空格为半角符号，所以每次输出路以两个空格表示，以保持美观。

② 程序代码。

程序代码如下：

```
#include <stdio.h>
/*迷宫的高度,必须为奇数*/
#define HEIGHT 3
/*迷宫的宽度,必须为奇数*/
#define WIDTH 3
/*迷宫数组*/
int Map[HEIGHT+2][WIDTH+2];

#define WALL 1
#define ROAD 0
#define START 2
#define END 3
/*主函数*/
void main()
{
    int i,j;
    /*地图初始化*/
    for (j=0;j<HEIGHT+2;j++)
    {
        for (i=0;i<WIDTH+2;i++)
        {
            if (i==0||j==0||i==WIDTH+1||j==HEIGHT+1)
                Map[j][i]=ROAD;
            else
                Map[j][i]=WALL;
        }
    }
```

```
/*绘制地图*/
for (j=0;j<HEIGHT+2;j++)
{
    for (i=0;i<WIDTH+2;i++)
    {
        switch(Map[j][i])
        {
        case WALL:printf("※");break;/*绘制墙*/
        case ROAD:printf("  ");break;/*绘制路*/
        case START:printf("入");break;/*绘制入口*/
        case END:printf("出");break; /*绘制出口*/
        default:;
        }
    }
    printf("\n");
}
}
```

③ 执行结果。

例 4-4 执行结果如图 4-17 所示。

图 4-17 例 4-4 程序执行结果

4.3 字 符 数 组

本书在前面章节中介绍了字符串常量，如姓名"张三"，语句"How are you？"等都需要以字符串的形式进行描述，但是 C 语言中没有定义描述字符串的数据类型，那么字符串如何存储呢？这里介绍利用字符数组存放字符串的方式。

字符数组是数组中的一个特殊类型，之所以单独给予特别关注，其主要原因有以下两个：

● 字符数组存放的是字符串，是一种文本信息，不同于常见的纯数据信息；

● 为了便于文字处理，C 语言针对字符数组提供了诸如字符串的输入、输出、合并、比较及复制等一些常用处理函数。

4.3.1 字符数组的定义和引用

字符数组是用来存放字符数据的数组，一个元素存放一个字符，其定义和引用方法与其他类型数组的定义与引用方法一致。例如：

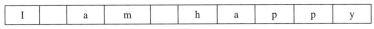

```
char ch[10];
ch[0]='I'; ch[1]=' '; ch[2]='a'; ch[3]='m'; ch[4]=' ';
ch[5]='h'; ch[6]='a'; ch[7]='p'; ch[8]='p'; ch[9]='y';
```

该字符数组 ch 在内存中的存放情况如图 4-18 所示。

I		a	m		h	a	p	p	y

图 4-18 字符数组 ch 在内存中的存放情况

4.3.2 字符数组的初始化

（1）逐个字符赋值给数组中的各元素。

例如：

```
char c[10]={'I',' ','a','m',' ','h','a','P','P','y'};
```

如果大括弧中提供的初值个数（字符个数）大于数组长度，则按语法错误处理。

例如：

```
char c[5]={'I',' ','a','m',' ','h','a','P','P','y'};
```

其中，初值个数为 10，而数组长度为 5，所分配的内存无法存放 10 个初值。

（2）使用字符赋初值。

例如：

```
char c[10]={ 'C','h','i','n','a'};
```

当赋初值的字符个数小于数组长度时，剩余元素自动补'\0'，因此，字符数组 c 在内存中的存储情况如图 4-19 所示。

C	h	i	n	a	\0	\0	\0	\0	\0

图 4-19 字符数组 c 在内存中的存放情况

（3）使用字符串赋初值，此时字符串须用双引号引住，大括弧可以省略。

例如：

```
char ch[10]= "China";
```

（4）如果提供的初值个数与预定的数组长度相同，则在定义时可以省略数组长度，系统会自动根据初值个数确定数组长度。

例如：

```
char ch1[ ]={'C','h','i','n','a'};
char ch2[ ] = "China";
```

（5）使用字符串赋初值时的注意事项。

① 使用字符串赋初值时，系统会自动在字符串末尾加一个空字符'\0'，表示字符串的结束。

② 二维数组可以采用同样的方法进行赋初值。例如：

```
char week[7][4]={ "MON", "TUE", "WED", "THU", "FRI", "SAT", "SUN"};
```

二维数组 week 存放了 7 个字符串，对应的存储空间逻辑结构如图 4-20 所示。

M	O	N	\0
T	U	E	\0
W	E	D	\0
T	H	U	\0
F	R	I	\0
S	A	T	\0
S	U	N	\0

图 4-20　二维数组 week 存储空间逻辑结构

（6）利用标准输入函数 scanf 为字符数组赋值。例如：

```
char str[10];
scanf("%s ",str);
```

格式控制字符串"%s"表示输入的数据为字符串；str 是字符数组名，实质上是数组的首地址，因此，可以省略地址运算符。使用"%s"格式控制符，输入字符串中的空格、水平制表符及换行符可以作为分隔符。因此，当遇到空格、水平制表符及换行符时，后边的字符串将被丢弃。

4.3.3　字符串的相关函数

（1）字符串输入函数 gets。

函数 gets 的一般形式：

```
gets(字符数组);
```

功能：从标准输入设备键盘上读取一个字符串（可以包含空格），并将其存储到字符数组中。

例如：

```
char name[30];
gets(name);
```

注意：

- 函数 gets 读取的字符串长度没有限制；
- 只有"回车"才是字符串结束标志；
- 此函数的定义在 stdio.h 的库文件中。

（2）字符串输出函数 puts。

函数 puts 的一般形式：

```
puts(字符数组);
```

功能：把字符数组中的字符串输出到终端。

例如：

```
char str[] = "Welcome\nto\nChina! ";
puts(str);
```

此段语句的执行结果是在终端上输出如下内容：

```
Welcome
to
China!
```

注意：此函数定义在 stdio.h 的库文件中。

（3）字符串连接函数 strcat。

函数 strcat 的一般形式：

```
strcat(字符数组1,字符数组2);
```

功能：首先删除字符数组 1 中的字符串后面结束标志'\0'，再把字符数组 2 中的字符串连接到字符数组 1 中字符串的最后。需要注意的是，字符数组 1 必须足够长，否则不能全部装入被连接的字符串。

例如：

```
char str1[20] = "Welcome";
char str2[] = "to China! ";
strcat(str1,str2);
```

连接后，利用函数 puts 输出字符数组 str1 的结果：

```
Welcome to China!
```

注意：
- 此函数的定义在 string.h 的库文件中；
- "字符数组 2" 也可以为字符串常量。

（4）字符串复制函数 strcpy。

函数 strcpy 的一般形式：

```
strcpy(字符数组1,字符数组2);
```

功能：把"字符数组 2"中的字符串复制到"字符数组 1"中。

例如：

```
char str1[15],str2[]="C Language";
strcpy(str1,str2);
```

注意：
- 此函数的定义在 string.h 的库文件中；
- "字符数组 2" 也可以为字符串常量。

（5）字符串比较函数 strcmp。

函数 strcmp 的一般形式：

```
strcmp(字符数组1,字符数组2);
```

功能：按照 ASCII 码顺序比较两个数组中的字符串，并利用函数的返回值返回比较结果。

- 若字符数组 1 中的字符串的 ASCII 码值与字符数组 2 中的字符串的 ASCII 码值相等，则返回值为 0；
- 若字符数组 1 中字符串的 ASCII 码值大于字符数组 2 中相对应的字符串的 ASCII 码值，则返回值大于 0；
- 若字符数组 1 中字符串的 ASCII 码值小于字符数组 2 中相对应的字符串的 ASCII 码

值，则返回值小于 0。

注意：

● 此函数的定义在 string.h 的库文件中；

● 两个字符串进行比较时，首先将两个字符串自左向右逐个字符按照其 ASCII 值的大小进行比较，一直到出现不同的字符或遇到'\0'为止。

（6）字符串长度函数 strlen。

函数 strlen 的一般形式：

```
strlen(字符数组);
```

功能：返回字符串长度。

注意：

● 此函数的定义在 string.h 的库文件中；

● 字符串的长度不包括'\0'在内；

● 注意该函数与函数 sizeof 的区别，函数 sizeof 用于计算内存大小。

课 后 练 习

一、选择题

（1）若定义 a[][2]={1，2，3，4，5，6，7，8}；则 a 数组中行的大小是_____。

A. 4　　　　　　　　B. 无确定值　　　　C. 3　　　　　　　　D. 2

（2）有以下程序：

```
void main()
{
    int i,t[][3]={9,8,7,6,5,4,3,2,1};
    for(i=0;i<3;i++)
    printf( "%d",t[2-i][i]);
}
```

则该程序执行后的输出结果是_____。

A. 753　　　　　　　B. 751　　　　　　　C. 357　　　　　　　D. 369

（3）数组 a[2][8]的第 10 个元素是_____。

A. a[1][4]　　　　　　B. a[1][3]　　　　　C. a[1][1]　　　　　D. a[0][3]

（4）下述程序的输出结果是_____。

```
#include <stdio.h>
#include <string.h>
void main( )
{
    char s[10]={'H','e','l','l','o','\0'};
    printf("%d",strlen(s));
}
```

A. 10　　　　　　　　B. 5　　　　　　　　C. 不定值　　　　　D. 6

（5）char s[20]={'Y'，'\0'，'o'，'u'，'!'，'\0'}；则 sizeof（s）的值是_____。

A. 6 B. 1 C. 7 D. 20

（6）以下程序的输出结果是_____。

```
void main()
{
    char s1[20]= "China",s2[20]= "for",s[10];
    if(strcmp(s1,s2))
      printf("%s\n",strcat(s2,s1));
    else  printf("%d\n",strlen(s1));
}
```

A. forChina B. 3 C. Chinafor D. 5

（7）以下程序的输出结果是_____。

```
void main()
{
    char s1[20]= "Hello",s2[20]= "World",s[10];
    strcat(s1,s2);
    strcpy(s,s1);
    puts(s);
}
```

A. HelloWorld B. 10 C. Hello D. World

二、判断题

（1）二维数组在内存中按列排列。（   ）

（2）char a[3][10]可以看作三个一维字符数组 a[0]、a[1]、a[2]，并且 a[0]、a[1]、a[2]是数组名，而不是数组元素。（   ）

（3）int a[2][3]={{1，2}，{3，4}，{10，90}}；能够对二维数组 a 进行初始化。（   ）

（4）二维数组中表示行下标和列下标的常量表达式分别用于指定数组的行数、列数，二者均为常量表达式。（   ）

（5）二维数组中行下标、列下标都是从 0 开始。（   ）

三、填空题

（1）设有如下语句：

```
int a[][3]={{0},{1},{2}};
```

则数组元素 a[1][2]的值为_____。

（2）以下程序的输出结果是_____。

```
void main()
{
int a[][3]={{1,2,9}{3,4,8}{5,6,7}},i,s=0;
  for(i=0;i<3;i++)
    s+=a[i][i]+a[i][3-i-1];
  printf("%d\n",s);
}
```

第5章

函 数

第5章微课、课件
及其他资源

> C 语言是典型的结构化程序设计语言,其结构化的特点主要体现在函数设计中。函数将完成某一功能的代码模块化,使程序结构更加清晰、易读,并可避免代码重用,以便用户调试和维护。

随着程序代码量的增加,程序的可读性变差。例如,当输入三个实数,要求输出最小值时,需要在程序(例 5-1)中两次比较数值的大小,并将最小值赋值给变量 min。

例 5-1 输入 a、b、c 三个实数,输出最小值。

① 编程分析。

首先定义三个实型变量 a、b、c,并从键盘输入三个实数值分别为其赋值。然后比较 a 和 b 的大小,将较小值赋值给实型变量 min。再比较 min 与 c 的大小,将较小值赋值给实型变量 min。最后输出 min 的值。

(a)数据结构。

类型	题目要求	形式语言(C)的表达
输入数据	3 个实型变量 a、b、c	float a, b, c;
输出数据	3 个实型变量的最小值	float min;

(b)算法。

算法流程	形式语言(C)的表达

比较 a 和 b 的大小,将较小值赋值给实型变量 min	若 a<b
	    min←a;
	否则
	    min←a

比较 min 与 c 的大小,将较小值赋值给实型变量 min	若 min>c min←c
输出最小值	利用函数 printf 输出 min

② 程序代码。

程序代码如下:

```
#include <stdio.h>
void main()
{
    float a,b,c,min;
    scanf("%f%f%f",&a,&b,&c);
    if(a<b)
     min=a;
    else
      min=b;
    if(c<min)
      min=c;
    printf("min=%f\n",min);
}
```

③ 执行结果。

例 5-1 执行结果如图 5-1 所示。

图 5-1　例 5-1 执行结果

虽然在前面各章节程序示例中都只有一个主函数，但 C 语言是一种结构化程序设计语言，采用模块化程序设计思想，将实现某一功能的代码封装成函数，使整个程序设计更加简单、直观，从而提高了程序的可读性和可维护性。

C 语言不仅提供了极为丰富的库函数，还允许用户建立自己定义的函数。例如，在例 5-2 程序代码中，自定义函数 min 实现两个实数大小的比较，并返回最小值；然后在主函数（main）中调用函数 min，通过两次调用求得 a、b、c 三个实型变量中的最小值。由于 C 语言采用了函数模块式的结构，使程序的层次结构清晰，主函数代码更加精简，方便了程序的编写、阅读、查找和定位错误，加快了调试速度。

例 5-2　输入 a、b、c 三个实数，输出最小值（以函数的方法实现）。

程序代码如下：

```
#include <stdio.h>
float min(float x,float y)
{
    float z;
    if(x<y)
      z=x;
    else
      z=y;
    return z;
}
void main()
{
    float a,b,c,fmin;
    scanf("%f%f%f",&a,&b,&c);
    fmin=min(a,b);
    fmin=min(fmin,c);
    printf("min=%f\n",fmin);
}
```

5.1　函数的概念

　　函数是 C 语言源程序的基本模块，通过对函数模块的调用可以实现特定的功能。函数的名字一般反映其所代表的功能。用户可把自己的算法编写成一个相对独立的函数模块，然后以调用的方法来使用该函数模块。一个 C 语言的源程序可以由一个主函数和若干个其他函数构成，程序的执行从主函数（main）开始，主函数可以调用其他函数，调用后再返回主函数，在主函数中结束整个程序的运行。主函数可以调用其他函数，其他函数也可以互相调用，同一个函数可以被一个或多个函数调用任意次，但是任何其他函数都不可以调用主函数。

　　C 语言可以从不同的角度对函数进行分类。

　　（1）从用户使用的角度，可以把函数分为库函数和用户自定义函数。

　　库函数由编译系统提供，用户无须定义，也不必在程序中进行函数类型声明，只要在程序头部包含该函数所在的头文件，就可以在程序中直接调用。

　　例如，在使用 scanf、printf 等输入/输出函数时，仅需在程序头部包含 stdio.h 头文件即可。

　　用户自定义函数是由用户根据自身需要编写的函数。对于用户自定义函数，必须在程序中定义函数本身，当被调用函数的定义在调用函数之后时，还要对被调用的函数进行函数声明，然后才能使用。

　　例如：

```
float min(float x,float y)
```

　　（2）从函数的形式的角度，可以把函数分为无参数函数和有参函数。

　　无参函数：函数定义、说明及调用中均不带参数。此时，主调函数和被调函数之间不进行参数传递。

　　例如：

```
getchar()
```

　　有参函数：在函数定义及说明时都有参数。这些参数称为形式参数（简称形参）。在调用函数时也必须给出参数，称为实际参数（简称实参）。进行函数调用时，主调用函数将把实参的值传递给形参，供被调用函数使用。

　　例如：

```
float min(float x,float y)
```

5.2　函数的定义

　　用户自定义函数与变量一样，都要遵循"先定义、后使用"的原则。本节根据函数是否有参数，分别介绍函数的定义方法。

　　（1）无参函数的定义。

　　无参函数的一般形式：

```
类型名　函数名( )
{
  函数体
}
```

例如：

```
void print_star()
{
  printf("******\n");
}
```

（2）有参函数的定义。

有参函数的一般形式：

```
类型名　函数名(形式参数表列)
{
  函数体
}
```

例如：

```
float addf(float c1,float c2)
{
  c1 = c1 + c2;
  printf("= %.2f\n",c1);
  return c1;
}
```

（3）关于函数定义的说明。

（a）函数名的命名遵循标识符命名规则，不能与同一作用域中其他标识符重名。

（b）无参函数虽然没有形参，但是函数名后的一对括号不能省略，如 void print_star()。

（c）有参函数在定义函数时，形参只是一个形式上的参数，没有具体的值，也不分配内存。只有当其他函数调用该函数时，才会为形参分配内存并赋予具体的值。形参的类型必须单独定义，即使形参的类型相同，也不能合并在一起定义，并且中间必须用逗号隔开，如 float addf(float c1，float c2)不能写为 float addf(float c1，c2)。

（d）类型名是指函数值的数据类型。如果调用函数后需要得到函数返回值，则在函数体中用 return 语句将函数值返回，并且在函数首部给出该函数值的类型。例如，函数 addf 返回变量 c1 的值，c1 为 float 类型，因此函数 addf 的类型也为 float 类型；如果不需要得到函数值，那么在函数体中就不需要出现 return 语句，在函数首部将函数值的类型定义为空类型 void，如 void print_star()。

5.3　函数的调用

函数定义完成后，可以通过函数的调用使用该函数。本节根据函数是否有参数，分别介绍函数的调用方法。

（1）无参函数的调用。

无参函数的调用的一般形式：

```
函数名();
```

例如：

```
print_star();
```

（2）有参函数的调用。

有参函数的调用的一般形式：

```
函数名(实参表列);
```

例如：

```
count1 = addf(count1,count2);
```

（3）关于形参与实参的说明。

（a）在被定义的函数中必须指定形参的类型。

（b）形参在函数定义时并不占用内存中的存储单元，只有在函数调用时形参才被分配了内存中的存储单元；调用结束后形参所占用的内存中的存储单元会被释放。

（c）实参可以是常量、变量或表达式。

例如：

```
count1 = addf(3.1,count2);
```

其中，3.1 为常量，count2 为变量。

例如：

```
count1= addf(count1,count2+count3);
```

其中，count2+count3 为表达式。

（d）实参的类型与形参的类型应相同或兼容。

（e）C 语言规定，实参变量对形参变量的数据传递是单向的，只能将实参的数值传递给形参，形参的改变不会影响实参的数值；在内存中，实参单元与形参单元是不同的。

（4）对被调用函数的声明和函数原型的说明。

（a）被调用的函数必须是已经存在的函数。

（b）使用库函数时，应在文件开头用#include 命令将调用有关库函数时所需用到的信息"包含"到文件中。

（c）如果使用用户自己定义的函数，而且该函数的定义在调用它的函数后面，则需要在调用函数的前面对被调用函数进行声明。另外，如果调用定义在其他文件中的函数，则也需要对被调用函数进行声明。

函数声明的一般形式为：

```
函数类型函数名(参数类型 1 参数 1,参数类型 2 参数 2,…);
```

例 5-3 趣味程序（移动的笑脸符号——方框内单步移动笑脸符号）。在方框内单步移动笑脸符号，以函数分别实现方框的绘制和单步移动哭脸符号。

① 编程分析。

将第 3 章例 3-24 趣味程序（移动的笑脸符号——方框的绘制）和例 3-17 趣味程序（移动的笑脸符号——单步移动笑脸符号）进行整合，实现笑脸符号在指定方框内的单步移动，执行结果示意图如图 5-2 所示。

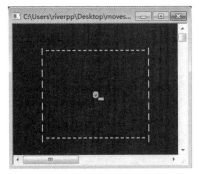

图 5-2 例 5-3 执行结果示意图

（a）编写函数 frame，在屏幕上绘制方框。

（b）编写函数 onestepmilemv，通过方向键实现笑脸符号在方框内的单步移动。

注意：当笑脸符号处于方框边缘情况下的移动问题。例如，当笑脸符号位于方框右边界旁边（pox.X 的坐标值为 right−1）时，如果继续向右移动则笑脸符号将超过边框，此时可以将笑脸符号的 X 轴坐标重置为 left+1，即让笑脸符号从边框的对侧继续移动，如图 5-3 所示。

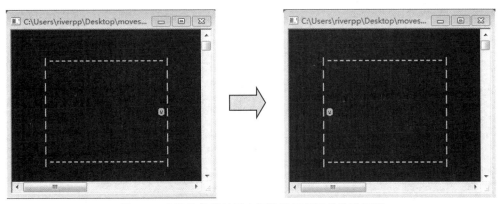

图 5-3 当笑脸符号处于方框边缘情况下的移动问题

（c）在主函数 main 中分别调用函数 frame 和函数 onestepsmilemv。

② 程序代码。

程序代码如下：

```c
#include <windows.h>
#include <stdio.h>
#include <conio.h>
/*定义方向键与ESC键ASCII码的符号常量*/
#define  UP 72     /*向上*/
#define  DOWN 80   /*向下*/
#define  LEFT 75   /*向左*/
#define  RIGHT 77  /*向右*/
#define  ESC 27
/*函数声明*/
void frame(int left,int right,int top,int bottom,HANDLE hOut);
void onestepsmilemv(int left,int right,int top,int bottom,HANDLE hOut,COORD pos,char key);

/*主函数*/
void main(void)
{
```

```
/*获取句柄*/
    HANDLE hOut=GetStdHandle(STD_OUTPUT_HANDLE);
    /*设置方框的坐标*/
    int left=10;
    int right=30;
    int top=10;
    int bottom=20;
    /*调用函数 frame 绘制方框*/
    frame(left,right,top,bottom,hOut);
    /*在方框的中心位置输出笑脸符号*/
    COORD pos;
    pos.X=(left+right)/2;
    pos.Y=(top+bottom)/2;
    SetConsoleCursorPosition(hOut,pos);
    putchar(2);
    /*获取用户的输入*/
    char key;
    getch();
    key=getch();
    /*调用单步移动笑脸符号函数*/
    onestepsmilemv(left,right,top,bottom,hOut,pos,key);
}
/*函数名:frame
    功能:绘制方框*/
void frame(int left,int right,int top,int bottom,HANDLE hOut)
{
    COORD pos;
    int i,j;
    /*绘制方框上下两条横线*/
    for(i=left;i<right+1;i++)
    {
        pos.Y=top;
        pos.X=i;
        SetConsoleCursorPosition(hOut,pos);
        putchar('-');

        pos.Y=bottom;
        pos.X=i;
        SetConsoleCursorPosition(hOut,pos);
        putchar('-');
    }
    /*绘制方框左右两条竖线*/
    for (j=top;j<bottom+1;j++)
    {
        pos.X=left;
        pos.Y=j;
        SetConsoleCursorPosition(hOut,pos);
        putchar('|');

        pos.X=right;
        pos.Y=j;
        SetConsoleCursorPosition(hOut,pos);
        putchar('|');
    }
}
/*函数名:onestepsmilemv
```

```
    功能:单步移动笑脸符号*/
void onestepsmilemv(int left,int right,int top,int bottom,HANDLE hOut,COORD pos,char key)
{
    /*在原位置输出空格*/
    SetConsoleCursorPosition(hOut,pos);
    putchar(' ');
    /*根据方向键重新设置pos的坐标*/
    switch(key)
    {
    case UP:
        if(pos.Y==top+1)
        {
            pos.Y=bottom-1;
        }
        else
        {
            pos.Y--;
        }
        break;
    case DOWN:
        if(pos.Y==bottom-1)
        {
            pos.Y=top+1;
        }
        else
        {
            pos.Y++;
        }
        break;
    case LEFT:
        if(pos.X==left+1)
        {
            pos.X=right-1;
        }
        else
        {
            pos.X--;
        }
        break;
    case RIGHT:
        if(pos.X==right-1)
        {
            pos.X=left+1;
        }
        else
        {
            pos.X++;
        }
        break;
    default:
        ;/*此时,除按下上、下、左、右方向键外,笑脸符号都不移动*/
    }
    /*重新设置光标的新位置,并输出笑脸符号*/
    SetConsoleCursorPosition(hOut,pos);
    putchar(2);
}
```

③ 执行结果。

例 5-3 执行结果如图 5-4 所示。

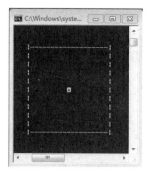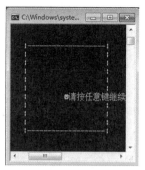

图 5-4　例 5-3 执行结果

④ 应注意的问题。

函数 frame、onestepsmilemv 的定义在主函数（调用函数）的后面，因此在主函数前面需要对这两个函数进行函数声明：

```
void frame(int left,int right,int top,int bottom,HANDLE hOut);
void onestepsmilemv(int left,int right,int top,int bottom,HANDLE hOut,COORD pos,char key);
```

如果函数定义在主函数的前面，则不需要进行函数声明。

例 5-4　趣味程序（优化歌曲点播程序）：对趣味程序"从多个曲目中选择歌曲演奏"（例 3-16）进行完善和优化，要求利用函数实现各个歌曲的模块化设计，使主函数清晰易读。

① 编程分析。

（a）编写演奏《生日歌》的函数 HapSong、演奏《满天都是小星星》的函数 LitStarSong、演奏《两只老虎》的函数 TwoTiger。

（b）在主函数中调用相应的歌曲函数。

② 程序代码。

程序代码如下：

```
#include <windows.h>
#include <stdio.h>
/*低音*/
#define Z 262
#define X 294
#define C 330
#define V 349
#define B 393
#define N 444
#define M 494
/*中音*/
#define A 523
#define S 578
#define D 659
#define F 698
#define G 784
#define H 880
#define J 988
/*高音*/
```

```c
#define Q 1046
#define W 1175
#define E 1318
#define R 1397
#define T 1568
#define Y 1760
#define U 1976
/*函数声明*/
void HapSong();
void LitStarSong();
void TwoTiger();

void main()
{
/*在屏幕上打印菜单*/
    printf("Please choose song:\n");
    printf("1:Happy birthday\n");
    printf("2:Little star\n");
    printf("3:Two tigers\n");
    int no;
    scanf("%d",&no);
/*根据用户输入选择要演奏的歌曲*/
    switch(no)
    {
    case 1:
        HapSong();
        break;
    case 2:
        LitStarSong();
        break;
    case 3:
        TwoTiger();
        break;
    default:
        printf("Input errror! Please choose 1,2 or 3.\n");
    }
}
void HapSong()
{
    /*生日歌*/
    printf("Happy Birthday\n");
    Beep(B,200);
    Beep(B,200);
    Beep(N,400);
    Beep(B,400);
    Beep(A,400);
    Beep(M,400);
    Sleep(400);

    Beep(B,200);
    Beep(B,200);
    Beep(N,400);
    Beep(B,400);
    Beep(S,400);
    Beep(A,400);
    Sleep(400);
```

```
    Beep(B,200);
    Beep(B,200);
    Beep(G,400);
    Beep(D,400);
    Beep(A,400);
    Beep(M,400);
    Beep(N,400);
    Sleep(400);

    Beep(F,200);
    Beep(F,200);
    Beep(D,400);
    Beep(A,400);
    Beep(S,400);
    Beep(A,400);
}
void LitStarSong()
{
    /*满天都是小星星*/
    printf("Little Star\n");
    Beep(A,400);
    Beep(A,400);
    Beep(G,400);
    Beep(G,400);
    Beep(H,400);
    Beep(H,400);
    Beep(G,400);
    Sleep(400);

    Beep(F,400);
    Beep(F,400);
    Beep(D,400);
    Beep(D,400);
    Beep(S,400);
    Beep(S,400);
    Beep(A,400);
    Sleep(400);

    Beep(G,400);
    Beep(G,400);
    Beep(F,400);
    Beep(F,400);
    Beep(D,400);
    Beep(D,400);
    Beep(S,400);
    Sleep(400);

    Beep(G,400);
    Beep(G,400);
    Beep(F,400);
    Beep(F,400);
    Beep(D,400);
    Beep(D,400);
    Beep(S,400);
    Sleep(400);
```

```
    Beep(A,400);
    Beep(A,400);
    Beep(G,400);
    Beep(G,400);
    Beep(H,400);
    Beep(H,400);
    Beep(G,400);
    Sleep(400);

    Beep(F,400);
    Beep(F,400);
    Beep(D,400);
    Beep(D,400);
    Beep(S,400);
    Beep(S,400);
    Beep(A,400);
}
void TwoTiger()
{
    /*两只老虎*/
    printf("Two tigers\n");
    Beep(A,400);
    Beep(S,400);
    Beep(D,400);
    Beep(A,400);
    Beep(A,400);
    Beep(S,400);
    Beep(D,400);
    Beep(A,400);

    Beep(D,400);
    Beep(F,400);
    Beep(G,400);
    Beep(D,400);
    Beep(F,400);
    Beep(G,400);

    Beep(G,400);
    Beep(H,400);
    Beep(G,400);
    Beep(F,400);

    Beep(D,400);
    Beep(A,400);
    Beep(G,200);
    Beep(H,200);
    Beep(G,200);
    Beep(F,200);

    Beep(D,400);
    Beep(A,400);
    Beep(S,400);
    Beep(B,400);
    Beep(A,400);
    Sleep(400);
```

```
    Beep(S,400);
    Beep(B,400);
    Beep(A,400);
    Sleep(400);
}
```

③ 执行结果。

例 5-4 执行结果如图 5-5 所示。

图 5-5　例 5-4 程序执行结果

④ 应注意的问题。

（a）歌曲函数 HapSong、LitStarSong、TwoTiger 的定义在主函数（调用函数）的后面，因此在主函数前面需要对歌曲函数进行函数声明：

```
/*函数声明*/
void HapSong();
void LitStarSong();
void TwoTiger();
```

（b）对程序进行函数优化后，主函数代码段已经精简，整个文件代码有 200 行左右。为了让主函数所在的源文件更加清晰、简练，可以把音阶的符号常量定义和歌曲函数放到其他的源文件中（头文件中不得有对象或函数的定义，以避免出现重定义问题）。将主函数定义在 songmain.cpp 文件中，将音阶的符号常量定义和歌曲函数定义放在 songfun.cpp 文件中，在头文件 songfun.h 中对歌曲函数进行声明。改进后，主函数所在的 songmain.cpp 文件中仅有 20 多行代码，更加清晰易读、便于维护。

songmain.cpp 文件如下：

```
#include <stdio.h>
#include "songfun.h"
void main(void)
{
    printf("Please choose song:\n");
    printf("1:Happy birthday\n");
    printf("2:Little star\n");
    printf("3:Two tigers\n");
    int no;
    scanf("%d",&no);

    switch(no)
    {
    case 1:
        HapSong();
        break;
```

```
    case 2:
        LitStarSong();
        break;
    case 3:
        TwoTiger();
        break;
    default:
        printf("Input errror! Please choose 1,2 or 3.\n");
    }
}
```

songfun.cpp 文件如下：

```
#include <windows.h>
#include "songfun.h"
/*低音*/
#define Z 262
#define X 294
#define C 330
#define V 349
#define B 393
#define N 444
#define M 494
/*中音*/
#define A 523
#define S 578
#define D 659
#define F 698
#define G 784
#define H 880
#define J 988
/*高音*/
#define Q 1046
#define W 1175
#define E 1318
#define R 1397
#define T 1568
#define Y 1760
#define U 1976

void HapSong()
{
    /*生日歌*/
    printf("Happy Birthday\n");
    Beep(B,200);
    Beep(B,200);
    Beep(N,400);
    Beep(B,400);
    Beep(A,400);
    Beep(M,400);
    Sleep(400);

    Beep(B,200);
    Beep(B,200);
    Beep(N,400);
    Beep(B,400);
    Beep(S,400);
```

```
        Beep(A,400);
        Sleep(400);

        Beep(B,200);
        Beep(B,200);
        Beep(G,400);
        Beep(D,400);
        Beep(A,400);
        Beep(M,400);
        Beep(N,400);
        Sleep(400);

        Beep(F,200);
        Beep(F,200);
        Beep(D,400);
        Beep(A,400);
        Beep(S,400);
        Beep(A,400);
}
void LitStarSong()
{
        /*满天都是小星星*/
        printf("Little Star\n");
        Beep(A,400);
        Beep(A,400);
        Beep(G,400);
        Beep(G,400);
        Beep(H,400);
        Beep(H,400);
        Beep(G,400);
        Sleep(400);

        Beep(F,400);
        Beep(F,400);
        Beep(D,400);
        Beep(D,400);
        Beep(S,400);
        Beep(S,400);
        Beep(A,400);
        Sleep(400);

        Beep(G,400);
        Beep(G,400);
        Beep(F,400);
        Beep(F,400);
        Beep(D,400);
        Beep(D,400);
        Beep(S,400);
        Sleep(400);

        Beep(G,400);
        Beep(G,400);
        Beep(F,400);
        Beep(F,400);
        Beep(D,400);
        Beep(D,400);
```

```
        Beep(S,400);
        Sleep(400);

        Beep(A,400);
        Beep(A,400);
        Beep(G,400);
        Beep(G,400);
        Beep(H,400);
        Beep(H,400);
        Beep(G,400);
        Sleep(400);

        Beep(F,400);
        Beep(F,400);
        Beep(D,400);
        Beep(D,400);
        Beep(S,400);
        Beep(S,400);
        Beep(A,400);
}
void TwoTiger()
{
        /*两只老虎*/
        printf("Two tigers\n");
        Beep(A,400);
        Beep(S,400);
        Beep(D,400);
        Beep(A,400);
        Beep(A,400);
        Beep(S,400);
        Beep(D,400);
        Beep(A,400);

        Beep(D,400);
        Beep(F,400);
        Beep(G,400);
        Beep(D,400);
        Beep(F,400);
        Beep(G,400);

        Beep(G,400);
        Beep(H,400);
        Beep(G,400);
        Beep(F,400);

        Beep(D,400);
        Beep(A,400);
        Beep(G,200);
        Beep(H,200);
        Beep(G,200);
        Beep(F,200);

        Beep(D,400);
        Beep(A,400);
        Beep(S,400);
        Beep(B,400);
```

```
        Beep(A,400);
        Sleep(400);

        Beep(S,400);
        Beep(B,400);
        Beep(A,400);
        Sleep(400);
}
```

songfun.h 文件如下：

```
void HapSong(void);
void LitStarSong(void);
void TwoTiger(void);
```

5.4 函数的嵌套调用和递归调用

5.4.1 函数的嵌套调用

C 语言不能嵌套定义函数，但可以嵌套调用函数，即在调用一个函数的过程中，又可以调用另一个函数。

例 5-5 求 $1+2^2+3^2+...+n^2$（n 的值由用户从键盘输入）。

① 编程分析。

（a）数据结构。

类型	题目要求	形式语言（C）的表达
输入数据	n	1 个整型（int）变量：n

（b）算法。

算法流程	形式语言（C）的表达
编写函数 sqr_fun 用于计算 n 的平方	int sqr_fun(int n)
编写函数 add_fun（int n）用于计算 n 个数的平方和，其中调用函数 sqr_fun 计算 n 的平方	int add_fun(int n)
编写主函数 main，从键盘读入整型变量 n；调用函数 add_fun，用于计算 n 个数的平方和	利用函数 scanf 读入 n add_fun(n) 利用函数 printf 输出 add_fun(n)的返回值

② 程序代码。

程序代码如下。

```
#include <stdio.h>
int sqr_fun(int n)
{
    return n*n;
}
int add_fun(int n)
{
```

```
    int sum=0,i;
    for (i=1;i<=n;i++)
    {
        sum+=sqr_fun(i);
    }
    return sum;
}
void main()
{
    int n;
    printf("Please input n:\n");
    scanf("%d",&n);
    printf("The result is %d\n",add_fun(n));
}
```

③ 执行结果。

例 5-5 执行结果如图 5-6 所示。

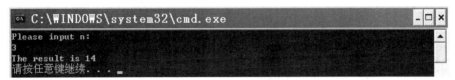

图 5-6　例 5-5 执行结果

④ 例 5-5 程序执行流程说明。

例 5-4 中主函数 main 在执行过程中调用函数 add_fun，函数 add_fun 在被调用过程中又调用函数 sqr_fun，函数 sqr_fun 执行完毕后返回调用函数 add_fun 中继续执行，函数 add_fun 执行完毕后返回主函数 main 中继续执行，直至程序结束。

5.4.2　函数的递归调用

1. 递归调用的概念

在 C 语言的程序中，如果调用一个函数的过程中又直接或间接地调用了该函数本身，则称为递归调用。在数学中，递归函数是非常常见的，如在第 4 章例 4-1 中用数组实现的 Fibonacci 数列也可以通过递归的方法来求解。

| 1 | 1 | 2 | 3 | 5 |
| 8 | 13 | 21 | 34 | 55 |

...

设 n 为正整数，$f(n)$ 表示 Fibonacci 数列的第 n 个数：

当 n=1 时，$f(n)=1$；

当 n=2 时，$f(n)=1$；

当 n>2 时，$f(n)=f(n-2)+f(n-1)$。

从数学角度来讲，当 n>2 时，如果要计算 $f(n)$，就必须先计算 $f(n-1)$ 和 $f(n-2)$，而要计算 $f(n-1)$ 就必须先计算 $f(n-2)$ 和 $f(n-3)$，计算 $f(n-2)$ 就必须先计算 $f(n-3)$ 和 $f(n-4)$。这样递归下去，直到计算 $f(1)$ 和 $f(2)$ 为止。已知 $f(1)$ 和 $f(2)$，就可以向回推，计算 $f(n)$。

例 5-6　用递归方法求 Fibonacci 数列问题。

已知：　1　　1　　2　　3　　5

　　　　　8　　13　　21　　34　　55

　　　　　　　…

要求在屏幕上打印出数列的前 20 个元素。

① 编程分析。

（a）根据前面的分析，定义函数 f 求 Fibonacci 数列的前 20 个元素。

（b）编写主函数，调用函数 f(n) 并输出。

② 程序代码。

程序代码如下：

```c
#include <stdio.h>
int f(int n)
{
    if (n==1||n==2)
        return 1;
    else if(n>2)
        return f(n-1)+f(n-2);
}
void main()
{
    int n;
    for (n=1;n<21;n++)
    {
        printf("%5d",f(n));
        if (n%5==0)
            printf("\n");
    }
}
```

③ 执行结果。

例 5-6 执行结果如图 5-7 所示。

图 5-7　例 5-6 执行结果

2. 递归调用的必要条件

递归调用有三个必要条件。

（1）求解问题时能够以同一方法解决，即能够归纳出递归公式。例如，在例 5-6 中，"当 n>2 时，f(n)=f(n−2)+f(n−1)"。

（2）递归调用中的参数每次递减。例如，在例 5-5 中计算 f(20) 时调用 f(19)、f(18)、…。

（3）递归调用中必须有递归出口，即递归调用的结束条件。例如，在例 5-6 中 f(1)=1，f(2)=1。

（4）受计算机操作系统内存管理条件限制，递归调用不能层次太深。

例 5-7　趣味程序（迷宫——迷宫地图的生成），以深度优先生成树算法生成迷宫地图，地图中从入口到出口有且只有一条通路。

① 编程分析。

（a）利用函数的递归调用生成迷宫地图。

迷宫地图的生成就是深度优先生成树算法的实现，下面以函数的递归调用来实现该算法的编写。

首先，选择一个顶点作为起始顶点，将其赋值为路，如第一个顶点 Map[1,1]=0。

然后，找到其相邻顶点，任意选择其中一个顶点，判断此顶点是否被遍历过，如果未被遍历过，则将这两个顶点以边相连接，并从这个邻接顶点开始递归调用函数，继续处理，直到所有顶点都被处理完毕。

最后，将边框顶点赋值为墙，出/入口只需选择边框中任意下标为奇数行位置的数组元素即可。例如，选 Map[1,0]点为入口，选 Map[Height, width+1]点为出口。

（b）在第 4 章例 4-4 的基础上，利用函数实现迷宫数据类型的初始化、迷宫的后处理、迷宫的绘制，分别编写相应的函数 initalizemap、finishmap 和 drawmap。

② 程序代码。

程序代码如下：

```
#include <windows.h>
#include <stdio.h>
#include <time.h>
/*迷宫的高度,必须为奇数*/
#define HEIGHT 25
/*迷宫的宽度,必须为奇数*/
#define WIDTH 25
/*迷宫数组*/
int Map[HEIGHT+2][WIDTH+2];
#define WALL 1
#define ROAD 0
#define START 2
#define END 3
/*函数声明*/
void initalizemap();
void finishmap();
void drawmap();
void generatemap(int x,int y);
/*主函数*/
void main()
{
    /*迷宫数组的初始化*/
    initalizemap();
    /*初始化随机种子*/
    srand((unsigned)time(NULL));
    /*迷宫地图的生成*/
    generatemap(1,1);
    /*迷宫地图的后处理*/
    finishmap();
    /*迷宫的绘制*/
    drawmap();
```

```
}
/*函数:initalizemap
  功能:迷宫数组的初始化*/
void initalizemap()
{
    int i,j;
    /*地图初始化*/
    for (j=0;j<HEIGHT+2;j++)
    {
        for (i=0;i<WIDTH+2;i++)
        {
            if (i==0||j==0||i==WIDTH+1||j==HEIGHT+1)
                Map[j][i]=ROAD;
            else
                Map[j][i]=WALL;
        }
    }
}
/*函数:drawmap
  功能:迷宫的绘制*/
void drawmap()
{
    int i,j;
    /*绘制地图*/
    for (j=0;j<HEIGHT+2;j++)
    {
        for (i=0;i<WIDTH+2;i++)
        {
            switch(Map[j][i])
            {
            case WALL:printf("※");break;/*绘制墙*/
            case ROAD:printf("  ");break;/*绘制路*/
            case START:printf("入");break;/*绘制入口*/
            case END:printf("出");break;/*绘制出口*/
            default:;
            }
        }
        printf("\n");
    }
}
/*函数:generatemap
  功能:迷宫地图的生成*/
void generatemap(int x,int y)
{
    /*生成地图*/
    int c[4][2]={{0,1},{1,0},{0,-1},{-1,0}};/*邻域四个方向*/
    int i,j;

    Map[x][y]=ROAD;
    for (i=0;i<4;i++)
    {
        if (Map[x+2*c[i][0]][y+2*c[i][1]]==WALL)
        {
            Map[x+c[i][0]][y+c[i][1]]=ROAD;
            generatemap(x+2*c[i][0],y+2*c[i][1]);
        }
    }
```

```
    }
}
/*函数:finishmap
 功能:迷宫地图的后处理*/
void finishmap()
{
/*地图的后处理*/
    int i,j;
    /*边界处理*/
    for (i=0;i<WIDTH+2;i++)
    {
        Map[0][i]=WALL;
        Map[HEIGHT+1][i]=WALL;
    }
    for (j=0;j<HEIGHT+2;j++)
    {
        Map[j][0]=WALL;
        Map[j][WIDTH+1]=WALL;
    }
    /*设置入口*/
    Map[1][0]=START;
    /*设置出口*/
    Map[HEIGHT][WIDTH+1]=END;
}
```

③ 执行结果。

例 5-7 执行结果如图 5-8 所示。

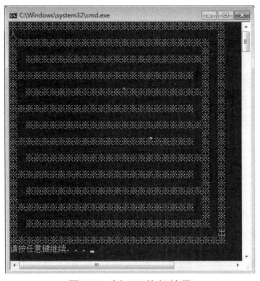

图 5-8　例 5-7 执行结果

④ 结果分析。

至此，程序编写完毕，编译、链接、执行后可以发现设计的迷宫地图过于简单。主要原因在于生成迷宫时，初始节点固定选择 Map[1,1]，对邻接节点也是按照固定方向选择的。

例 5-8　算法改进。

迷宫地图的随机生成：为使生成的迷宫地图复杂化，设计随机选取初始节点及邻接节点，随机生成的迷宫地图如图 5-9 所示。

① 背景知识。

（a）函数 rand。

函数 rand 的语法：

```
rand(void)
```

函数 rand 的功能：用于产生一个伪随机 unsigned int 整数。

（b）函数 srand。

函数 srand(seed)用于给函数 rand 设定种子。

函数 srand 和函数 rand 应该组合使用。通常，函数 srand 用于对函数 rand 进行设置。

函数 srand 是用来初始化随机种子数的，因为函数 rand 内部是基于线性同余法实现的，它不是真正的随机数，只不过是因为其周期特别长，所以在一定的范围里可看作随机，公式如下：

rand = rand*const_1 + c_var

函数 srand 就是它的第一个 rand 值。

注意：此函数定义在 stdlib.h 中。

函数 srand 的语法：

```
void srand(unsigned int seed);
```

函数 srand 的功能：函数 srand 是随机数发生器的初始化函数。

注意：此函数的定义在 stdlib.h 中。

（c）函数 time。

函数 time 的语法：

```
time_t time(time_t *t);
```

函数 time 的功能：返回某一特定时刻的小数值。函数 time 返回的小数值为 0 到 0.99999999 之间的数值，代表从 0:00:00（12:00:00 AM）到 23:59:59（11:59:59 P.M.）之间的时刻。

函数 time 的返回值：成功则返回秒数，失败则返回（time_t）−1，错误原因存于 errno 中。

注意：此函数的定义在 time.h 中。

② 程序代码。

程序代码如下：

```c
#include <windows.h>
#include <stdio.h>
#include <time.h>

/*迷宫的高度,必须为奇数*/
#define HEIGHT 25
/*迷宫的宽度,必须为奇数*/
#define WIDTH 25
/*迷宫数组*/
int Map[HEIGHT+2][WIDTH+2];
#define WALL 1
#define ROAD 0
#define START 2
#define END 3
/*函数声明*/
```

```
void initalizemap();
void finishmap();
void drawmap();
void generatemap(int x,int y);
/*主函数*/
void main()
{
    /*迷宫数组的初始化*/
    initalizemap();
    /*初始化随机种子*/
    srand((unsigned)time(NULL));
    /*迷宫地图的生成*/
    generatemap(2*(rand()%(HEIGHT/2))+1,2*(rand()%(WIDTH/2))+1);
    /*迷宫地图的后处理*/
    finishmap();
    /*迷宫的绘制*/
    drawmap();
}
/*函数:initalizemap
 功能:迷宫数组的初始化*/
void initalizemap()
{
    int i,j;
    /*地图初始化*/
    for (j=0;j<HEIGHT+2;j++)
    {
        for (i=0;i<WIDTH+2;i++)
        {
            if (i==0||j==0||i==WIDTH+1||j==HEIGHT+1)
                Map[j][i]=ROAD;
            else
                Map[j][i]=WALL;
        }
    }
}
/*函数:drawmap
 功能:迷宫地图的绘制*/
void drawmap()
{
    int i,j;
    /*绘制地图*/
    for (j=0;j<HEIGHT+2;j++)
    {
        for (i=0;i<WIDTH+2;i++)
        {
            switch(Map[j][i])
            {
            case WALL:printf("※");break;/*绘制墙*/
            case ROAD:printf("  ");break;/*绘制路*/
            case START:printf("入");break;/*绘制入口*/
            case END:printf("出");break;/*绘制出口*/
            default:;
            }
        }
        printf("\n");
```

```
        }
}
/*函数:generatemap
 功能:迷宫地图的生成*/
void generatemap(int x,int y)
{
    /*生成地图*/
    int c[4][2]={{0,1},{1,0},{0,-1},{-1,0}};/*四个方向*/
    int i,j;
    for (i=0;i<4;i++)
    {
        j=rand()%4;
        int temp;
        temp=c[i][0];
        c[i][0]=c[j][0];
        c[j][0]=temp;
        temp=c[i][1];
        c[i][1]=c[j][1];
        c[j][1]=temp;
    }

    Map[x][y]=ROAD;
    for (i=0;i<4;i++)
    {
        if (Map[x+2*c[i][0]][y+2*c[i][1]]==WALL)
        {
            Map[x+c[i][0]][y+c[i][1]]=ROAD;
            generatemap(x+2*c[i][0],y+2*c[i][1]);
        }
    }
}
/*函数:finishmap
 功能:迷宫地图的后处理*/
void finishmap()
{
    int i,j;
    /*边界处理*/
    for (i=0;i<WIDTH+2;i++)
    {
        Map[0][i]=WALL;
        Map[HEIGHT+1][i]=WALL;
    }
    for (j=0;j<HEIGHT+2;j++)
    {
        Map[j][0]=WALL;
        Map[j][WIDTH+1]=WALL;
    }
    /*设置入口*/
    Map[1][0]=START;
    /*设置出口*/
    Map[HEIGHT][WIDTH+1]=END;
}
```

③ 执行结果。

例 5-8 执行结果如图 5-9 所示。

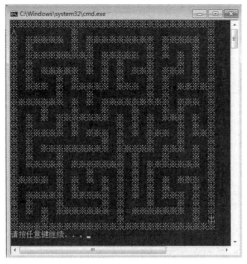

图 5-9　随机生成的迷宫地图

5.5　数组作为函数参数

数组可以作为函数的参数进行数据传递。数组用作函数参数有两种形式：一种是把数组元素作为实参使用；另一种是把数组名作为函数实参使用。

5.5.1　数组元素作为函数的实参

实参可以是表达式形式，数组元素可以是表达式的组成部分，因此数组元素可以作为函数的实参，与变量作为实参一样是单向传递，即"值传递"的方式。

例 5-9　统计 10 个学生的语文成绩，输出语文成绩及格的学生的成绩。

① 编程分析。

（a）数据结构。

类型	题目要求	形式语言（C）的表达
输入数据	10 个学生的语文成绩	实型数组：float score[10];

（b）算法。

算法流程	形式语言（C）的表达
在主函数中，利用键盘输入 10 个学生的语文成绩，并存放在实型数组 score 中	循环利用函数 scanf 读入数据，并依次存放在数组 score 中

编写函数，判断学生的成绩是否及格	void scoref（float s）
	{
	　若 s>=60
	　　输出 s
	}

将输入语文成绩中及格的学生的成绩输出	循环调用函数 scoref

② 程序代码。

程序代码如下：

```c
#include <stdio.h>
void scoref(float s)
{
    if (s>=60)
        printf("%.2f ",s);
}
void main()
{
    float score[10];
    int i;
    printf("Please input the score of ten students:\n");
    for (i=0;i<10;i++)
        scanf("%f",&score[i]);
    for (i=0;i<10;i++)
        scoref(score[i]);
}
```

③ 执行结果。

例 5-9 执行结果如图 5-10 所示。

图 5-10　例 5-9 执行结果

④ 需要注意的问题。

在主函数中，以数组元素 score[i] 作为实参调用函数 scoref。当 i=0 时，将 score[0] 的数值传递给形参 s，这是单向传递数值的方式，如图 5-11 所示。

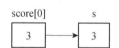

图 5-11　数组元素作为函数的实参，单向传递数值给形参

5.5.2　数组名作为函数的实参

如果要在函数中处理整个数组元素，则可以利用数组名作为函数的实参，其用法与变量相同；但是，此时传递的是数组的首地址，这是一个双向"传地址"的方式。

例 5-10　有 10 个学生成绩，编码一个函数求全体学生的平均成绩。

① 编程分析。

（a）数据结构。

类型	题目要求	形式语言（C）的表达
输入数据	10 个学生的成绩	实型数组：float score[10];

（b）算法。

算法流程	形式语言（C）的表达
在主函数中，利用键盘读入 10 个学生的语文成绩，并存放在实型数组 score 中	循环利用函数 scanf 读入数据，依次存放在数组 score 中

编写函数，计算 10 个学生的平均成绩	float meanf（float s[]）
	{
	　　float sum=0;
	　　sum←循环计算累加和
	　　return sum/10;
	}

输出平均成绩	调用函数 meanf，输出其结果

② 程序代码。

程序代码如下：

```
#include <stdio.h>
float meanf(float s[])
{
    int i;
    float sum=0;
    for (i=0;i<10;i++)
        sum+=s[i];
    return sum/10;
}
void main()
{
    float score[10];
    int i;
    printf("Please input the score of ten students:\n");
    for (i=0;i<10;i++)
        scanf("%f",&score[i]);
    printf("The mean is %.2f\n",meanf(score));
}
```

③ 执行结果。

例 5-10 程序执行结果如图 5-12 所示。

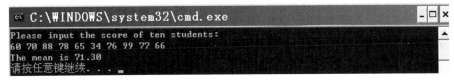

图 5-12　例 5-10 程序执行结果

④ 程序说明。

数组名即是数组的首地址，主函数以数组名 score 作为实参调用函数 meanf，就是将数组的首地址传递给形参 s，那么 s 所指向的即为数组 score 的首地址，这是双向“传地址”的方式，如图 5-13 所示。此时，在函数中可以通过修改形参改变数组元素的值，如 s[4]即为 score[4]。

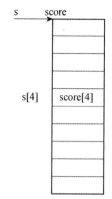

图 5-13　数组名作为函数的实参，双向传递地址

例 5-11　将整型数组 a[10]中的最大值与最后一个元素交换。

① 编程分析。

（a）数据结构。

类型	题目要求	形式语言（C）的表达
输入/输出数据	整型数组 a[10]	整型数组：int a[10];

（b）算法。

算法流程	形式语言（C）的表达
在主函数中，利用键盘输入 10 个整型数值，为数组 a 赋值	循环利用函数 scanf 读入数据，依次存放在数组 a 中

定义求最大值函数 maxf，以数组作为函数的形参，将整个数组传递到函数中，求最大值元素的下标值，并作为返回值	int maxf（int b[]）
	{
	　　max←循环比较的最大值
	　　maxno←最大值的下标
	　　return maxno;
	}

定义交换函数 swapf，将数组 a 中的最大值与最后一个元素交换	void swapf（int c[]）
	{
	　　int maxno←maxf（c）;
	　　交换 c[maxno]与 c[9]的值
	}

在交换过程中，定义整型临时变量 temp，用于存放最大的数组元素值，以避免在交换过程中最大值元素被重新赋值而丢失，交换过程如图 5-14 所示。

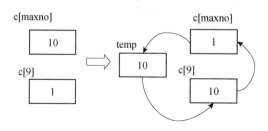

图 5-14　交换过程

② 程序代码。

程序代码如下：

```
#include <stdio.h>
/*函数声明*/
int maxf(int b[]);
void swapf(int c[]);
void main()
{
    int a[10],i;
    /*为数组赋值*/
    printf("Please input a[10]:\n");
    for (i=0;i<10;i++)
        scanf("%d",&a[i]);
    /*调用函数 swapf 完成交换*/
    swapf(a);
    /*输出交换后的数组*/
    for (i=0;i<10;i++)
        printf("%d",a[i]);
}
/*求数组中的最大值,并返回最大值元素的下标*/
int maxf(int b[])
{
    int max=b[0],maxno=0,i;
    for (i=1;i<10;i++)
    {
        if (max<b[i])
        {
            max=b[i];
            maxno=i;
        }
    }
    return maxno;
}
void swapf(int c[])
{
    int maxno=maxf(c);/*最大值元素的下标*/
    int temp;/*临时变量*/
    /*交换*/
    temp=c[maxno];
    c[maxno]=c[9];
    c[9]=temp;
}
```

③ 执行结果。

例 5-11 执行结果如图 5-15 所示。

图 5-15　例 5-11 执行结果

④ 结果分析。

（a）函数的嵌套调用：主函数调用函数 swapf，以完成最大值元素与最后一个元素的交换；函数 swap 又调用函数 maxf，以求得最大值元素的下标值，并返回给函数 swapf。

（b）以数组名作为函数的实参：主函数在调用函数 swapf 时以数组名 a 作为实参，函数 swap 在调用函数 maxf 时以数组名 b 作为实参，向被调用函数中传递的都是数组的首地址。函数 swap 中交换形参数组 c 中最大值元素与最后一个元素的数值，实际上交换的就是实参数组 a 中相应元素的值，因为此时形参 c 所指向的即为数组 a 的首地址。在函数 maxf 中，形参 b 的值与实参 c 的值一致，因此形参 b 所指向的也为数组 a 的首地址，在函数中所求的数组 b 中的最大值元素的下标也是数组 a 中最大值元素的下标。

⑤ 编程时的注意事项。

以数组名作为函数实参与以数组元素作为函数实参是不同的：ⓐ以数组元素作为函数的实参，形参变量和实参变量被分配的内存空间是不同的，在调用函数时，将实参的数值传递给形参，形参变量的改变无法影响实参变量的值；ⓑ以数组名作为函数的实参，不是进行数值的传递，即不是把实参数组中每一个元素的值都赋值给形参数组中的各个元素，因为形参数组并不存在，编译系统不会为形参数组分配内存；ⓒ以数组名作为函数实参传递的是数组的首地址，即把实参数组的首地址赋值给形参数组名，实际上，形参数组和实参数组为同一数组，拥有相同的一段内存空间。

5.6 变量的作用域与生存期

5.6.1 变量的作用域

变量的作用域即为变量的作用范围（有效范围），有的变量可以在定义该变量的文件中或其他文件中进行引用，有的则只能在局部范围内引用。因此，根据变量的作用域范围可将变量分为局部变量和全局变量。

（1）局部变量。

局部变量也称内部变量，是在一个模块内部定义的变量，该模块通常以一对大括号括起来，如在一个函数内、一个复合语句内。局部变量只能在所定义的模块范围内才能使用，这也是函数模块化思想的优点。

使用局部变量时需注意如下事项。

① 主函数中定义的变量只在主函数中有效，主函数不能使用其他函数中定义的变量。

② 不同函数可以使用相同名字的变量，它们代表不同的对象，内存单元不同，互不干扰。

③ 形参属于被调用函数的局部变量。

④ 在复合语句中定义的变量属于局部变量，只在定义该变量的复合语句中有效。

例如：

```
# include<stdio.h>
int main()
{
    int a = 10;
```

```
{
    int b =1;
}
a+=b;
printf("%d\n",a);
}
```

编译后，编译器提示错误信息（如图 5-16 所示），提示用户在程序代码第 8 行中的变量 b 未声明。

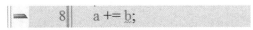

图 5-16 提示错误信息

分析以上程序可知，在复合语句内定义整型变量 b=1，其作用域是复合语句内，在复合语句外引用该变量是不可行的。变量 b 只在复合语句内有效，变量 b 离开该复合语句就失效。

（2）全局变量。

全局变量也称外部变量，是在所有函数之外定义的变量，可被当前程序中其他函数共用，它的有效范围为从定义变量的位置开始直到当前程序结束。

（3）使用局部变量及全局变量时应注意的事项。

① C 程序中设计人员习惯将全局变量名的第一个字母大写。

② 建议尽量避免使用全局变量。

③ 全局变量在程序的全部执行过程中始终占用存储单元。

④ 函数在执行时要依赖其所在的外部变量，因此函数的通用性差。

⑤ 如果使用全局变量过多，则会降低程序的清晰性，往往难以清楚地判断出每个瞬间各个外部变量的值，程序容易出错。

⑥ 如果外部变量与局部变量同名，则在局部变量的作用范围内，外部变量被"屏蔽"，不起作用。

例 5-12 有 4 个学生的 5 门课的成绩，要求输出其中的最高成绩，以及该成绩属于第几个学生、第几门课程。

① 编程分析。

（a）数据结构。

类型	题目要求	形式语言（C）的表达
输入数据	4 个学生的 5 门课程的成绩	实型数组：float s[4][5];
输出数据	最高成绩及该成绩属于第几个学生、第几门课程	局部变量： 　float max; 用于记录最高成绩
		全局变量： 　int row，col; 分别记录最高成绩数组元素的行下标和列下标

（b）算法。

算法流程	形式语言（C）的表达
从键盘输入每个学生的每门课程的成绩	循环利用函数 scanf 读入数据，依次存放在数组 s 中

编写函数 float maxf（float a[4][5]）求出最高成绩，并记录该成绩数组元素的行下标和列下标	float maxf（float a[4][5]）
	{
	    max←循环比较中的最高成绩
	    row←最高成绩的行下标
	    col←最高成绩的列下标
	    return max;
	}

在主函数中调用函数 maxf，输出最高成绩及该成绩属于第几个学生、第几门课程	float max=maxf（s）; 利用函数 printf 输出 max、row+1、col+1 的值

② 程序代码。

程序代码如下：

```c
#include <stdio.h>
int row=0,col=0;
float maxf(float a[4][5]);
void main()
{
    float s[4][5];
    int i,j;
    for(i=0;i<4;i++)
        for(j=0;j<5;j++)
            scanf("%f ",&s[i][j]);
    float max=maxf(s);
    printf("max:%f student:%d class:%d\n ",
        max,row+1,col+1);
}
float maxf(float a[4][5])
{
    float max=a[0][0];
    int i,j;
    for(i=0;i<4;i++)
    for(j=0;j<5;j++)
    {
        if(max<a[i][j])
        {
            max=a[i][j];
            row=i;
            col=j;
        }
    }
    return max;
}
```

③ 执行结果。

例 5-12 执行结果如图 5-17 所示。

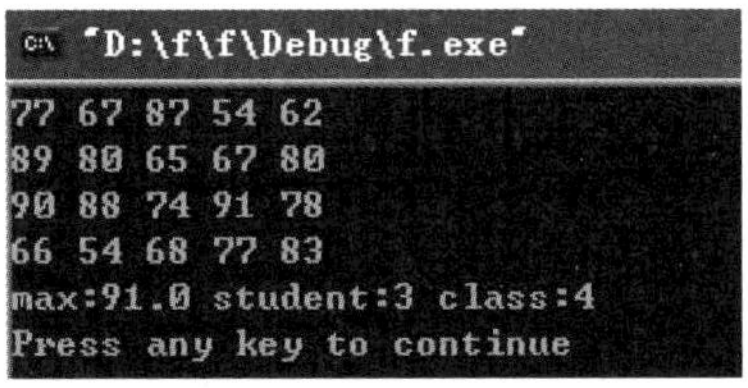

图 5-17　例 5-12 执行结果

5.6.2　变量的存储方式和生存期

1. 变量的存储方式

在 C 语言中，根据变量占用内存空间的方式，将变量分为静态存储类型的变量和动态存储类型的变量。

静态存储类型的变量：在程序运行中被系统分配固定的内存单元，并一直保持不变，直至整个程序结束内存空间才被释放，如全局变量。

动态存储类型的变量：在程序运行期间，根据需要动态分配内存单元，使用完毕立即释放，如函数的形参。

在 C 语言中，对存储类型分为四类。

（1）自动变量（auto）。

函数中的形参和在函数中定义的变量都是自动变量。自动变量不可定义在函数外部，只能定义在函数内部。在函数内部定义的变量默认是 auto 类型，通常可以省略关键字 auto。例如：

```
int a;
auto int b;
```

a 与 b 都是自动变量，其中 a 省略了关键字 auto。

（2）静态变量（static）。

函数中静态变量的值在函数调用结束后不会消失而是保留了原值。静态变量可分为静态局部变量和静态全局变量两种。

① 关于静态局部变量的说明如下。

（a）静态局部变量属于静态存储类型的变量，在静态存储区内分配存储单元，在程序运行期间其内存都不释放。

（b）静态局部变量在编译时赋初值，在程序运行时已有初值。

（c）如果在定义静态局部变量时未赋初值，则系统在编译时自动为其赋初值，数值型变量初值为 0，字符型变量初值为空字符（\0）。

（d）虽然静态局部变量在函数调用结束后仍然存在，但不能再被引用。

（e）静态局部变量在函数调用结束后仍占用存储空间，当调用次数过多时往往会弄不清楚静态局部变量的当前值是什么，因此弱化了程序的可读性。如无必要，尽量不要使用静态局部变量。

② 关于静态全局变量的说明如下。

（a）为全局变量加上 static 声明，即为静态全局变量。静态全局变量是只能用于本程序的全局变量。

（b）使用静态全局变量可以避免全局变量被其他程序引用。

（3）寄存器变量（register）。

C 语言允许将局部变量的值放在 CPU 的寄存器中，待需要调用时直接从寄存器取出参加运算即可，而不必到内存中去取。

（a）只有局部自动变量和形参可以作为寄存器变量，其他（如全局变量）不可以作为寄存器变量。

（b）一个计算机系统中的寄存器数目是有限的，不能定义任意多个寄存器变量。

（c）编译系统能够识别使用频繁的变量，从而自动地将这些变量放在寄存器中。

（d）局部静态变量不能定义为寄存器变量。

（4）外部变量（extern）。

利用 extern 声明外部变量可以扩展外部变量的作用域。全局变量 extern 可以在另一个程序中被调用，而局部变量 static 不允许其他程序调用。

变量定义的完整形式：

```
存储类型说明符 数据类型说明符 变量1,变量2,…,变量n;
```

2. 变量的生存期

变量的生存期是指变量占用内存单元的时间。静态变量在程序执行期间将一直占用内存单元，自动变量在作用域结束后将释放内存。

例 5-13 趣味程序（迷宫——迷宫游戏）在完成迷宫地图设计后，编写迷宫游戏程序，在迷宫地图中模拟目标对象行走，寻找自入口到出口的路径，完成迷宫游戏设计。

① 算法分析。

在例 5-7 的基础上编写迷宫游戏函数 gomap。

（a）在程序中以星号（☆）表示在迷宫行走的目标对象，并将其放置在迷宫的入口处。

相关背景知识，函数 GetStdHandle、COORD 结构体类型、函数 SetConsoleCursorPosition 等的详细介绍请参见例 3-17。

（b）通过方向键（上、下、左、右）移动目标对象（☆），循环处理，直到目标对象移动到出口处或用户按 ESC 键退出游戏：

● 利用函数 getch 获取键盘上输入的符号（方向键）；

● 利用函数 switch 判断输入的符号，如果是方向键，则在原位置输出空格，并根据方向键重新设置光标，在新位置输出☆；否则不做任何处理。

详细的分析介绍可参见例 3-17。

（c）如果目标对象移动到出口处，则游戏程序结束，并提示用户"成功走出迷宫"。

完成上述需求需要编辑隐藏光标函数 hiddencursor：在游戏中以☆为目标对象，同时需要隐藏光标。隐藏光标函数需要利用函数 GetConsoleCursorInfo 和函数 SetConseleCursoInfo，具体说明见表 5-1。

表 5-1　函数说明

GetConsoleCursorInfo	函数原型	BOOL GetConsoleCursorInfo（HANDLE hConsoleOutput, PCONSOLE_CURSOR_INFO lpConsoleCursorInfo）
	功能	Windows API 函数。用于获取有关指定的控制台屏幕的光标的可见性和大小信息

GetConsoleCursorInfo	参数	hConsoleOutput 控制台屏幕缓冲区的句柄。该句柄必须具有 GENERIC_READ 的访问权限 lpConsoleCursorInfo 指向接收有关该控制台的光标信息的 CONSOLE_CURSOR_INFO 结构的指针
	注意事项	该函数的定义在 windows.h 文件中
SetConseleCursorInfo	函数原型	BOOL SetConsoleCursorInfo（HANDLE hConsoleOutput，CONST CONSOLE_CURSOR_INFO *lpConsoleCursorInfo）
	功能	Windows API 函数，用于设置光标信息
	参数	hConsoleOutput 控制台屏幕缓冲区的句柄，该句柄必须具有 GENERIC_READ 的访问权限 lpConsoleCursorInfo 指向接收有关该控制台的光标信息的 CONSOLE_CURSOR_INFO 结构的指针
	注意事项	该函数的定义在 windows.h 文件中

② 程序代码。

程序代码如下：

```c
#include <windows.h>
#include <stdio.h>
#include <time.h>
/*迷宫的高度,必须为奇数*/
#define HEIGHT 25
/*迷宫的宽度,必须为奇数*/
#define WIDTH 25
/*迷宫数组*/
int Map[HEIGHT+2][WIDTH+2];
#define WALL 1
#define ROAD 0
#define START 2
#define END 3

#define ESC 27
#define UP 72
#define DOWN 80
#define LEFT 75
#define RIGHT 77
/*函数声明*/
void hiddencursor();
void initalizemap();
void finishmap();
void drawmap();
void generatemap(int x,int y);
void gomap();
/*主函数*/
void main()
{
    /*隐藏光标*/
    hiddencursor();
    /*迷宫数组的初始化*/
    initalizemap();
    /*初始化随机种子*/
```

```
        srand((unsigned)time(NULL));
        /*迷宫地图的生成*/
        generatemap(2*(rand()%(HEIGHT/2))+1,2*(rand()%(WIDTH/2))+1);
        /*迷宫地图的后处理*/
        finishmap();
        /*迷宫的绘制*/
        drawmap();
        /*迷宫游戏*/
        gomap();
}
/*函数:hiddencursor
功能:隐藏光标*/
void hiddencursor()
{
        /*隐藏光标*/
        HANDLE hOut=GetStdHandle(STD_OUTPUT_HANDLE);
        CONSOLE_CURSOR_INFO cci;
        GetConsoleCursorInfo(hOut,&cci);
        cci.bVisible=0;
        SetConsoleCursorInfo(hOut,&cci);
}
/*函数:initalizemap
功能:迷宫数组的初始化*/
void initalizemap()
{
    int i,j;
    /*迷宫地图初始化*/
    for (j=0;j<HEIGHT+2;j++)
    {
        for (i=0;i<WIDTH+2;i++)
        {
            if (i==0||j==0||i==WIDTH+1||j==HEIGHT+1)
                Map[j][i]=ROAD;
            else
                Map[j][i]=WALL;
        }
    }
}
/*函数:drawmap
功能:迷宫的绘制*/
void drawmap()
{
    int i,j;
    /*绘制地图*/
    for (j=0;j<HEIGHT+2;j++)
    {
        for (i=0;i<WIDTH+2;i++)
        {
            switch(Map[j][i])
            {
            case WALL:printf("※");break;/*绘制墙*/
            case ROAD:printf("  ");break;/*绘制路*/
            case START:printf("入");break;/*绘制入口*/
            case END:printf("出");break;/*绘制出口*/
            default:;
            }
```

```
        }
        printf("\n");
    }
}
/*函数:generatemap
 功能:迷宫地图的生成*/
void generatemap(int x,int y)
{
    /*生成地图*/
    int c[4][2]={{0,1},{1,0},{0,-1},{-1,0}};/*邻域四个方向*/
    int i,j;
    for (i=0;i<4;i++)
    {
        j=rand()%4;
        int temp;
        temp=c[i][0];
        c[i][0]=c[j][0];
        c[j][0]=temp;
        temp=c[i][1];
        c[i][1]=c[j][1];
        c[j][1]=temp;
    }

    Map[x][y]=ROAD;
    for (i=0;i<4;i++)
    {
        if (Map[x+2*c[i][0]][y+2*c[i][1]]==WALL)
        {
            Map[x+c[i][0]][y+c[i][1]]=ROAD;
            generatemap(x+2*c[i][0],y+2*c[i][1]);
        }
    }
}
/*函数:finishmap
 功能:迷宫地图的最后处理*/
void finishmap()
{
    /*迷宫地图的最后处理*/
    int i,j;
    /*边界处理*/
    for (i=0;i<WIDTH+2;i++)
    {
        Map[0][i]=WALL;
        Map[HEIGHT+1][i]=WALL;
    }
    for (j=0;j<HEIGHT+2;j++)
    {
        Map[j][0]=WALL;
        Map[j][WIDTH+1]=WALL;
    }
    /*设置入口*/
    Map[1][0]=START;
    /*设置出口*/
    Map[HEIGHT][WIDTH+1]=END;
}
/*函数:gomap
```

```
功能:迷宫游戏*/
void gomap()
{
    HANDLE hOut=GetStdHandle(STD_OUTPUT_HANDLE);
    COORD pos;
    /*Start*/
    int x=0;
    int y=1;
    pos.X=x;
    pos.Y=y;
    SetConsoleCursorPosition(hOut,pos);
    printf("☆");

    char key;
    getch();
    key=getch();
    while (key!=ESC)
    {
        SetConsoleCursorPosition(hOut,pos);
        printf(" ");
        switch(key)
        {
        case UP:
            if (Map[y-1][x]!=WALL)
            {
                y--;
            }
            break;
        case DOWN:
            if (Map[y+1][x]!=WALL)
            {
                y++;
            }
            break;
        case LEFT:
            if (Map[y][x-1]!=WALL)
            {
                x--;
            }
            break;
        case RIGHT:
            if (Map[y][x+1]!=WALL)
            {
                x++;
            }
            break;
        default:;
        }
        pos.X=2*x;
        pos.Y=y;
        SetConsoleCursorPosition(hOut,pos);
        printf("☆");
        if (Map[y][x]==END)
        {
            pos.Y=HEIGHT+3;
            pos.X=0;
```

```
            SetConsoleCursorPosition(hOut,pos);
            printf("成功走出迷宫!\n");
            break;
        }
        getch();
        key=getch();
    }
}
```

③ 执行结果。

例 5-13 执行结果如图 5-18 所示。

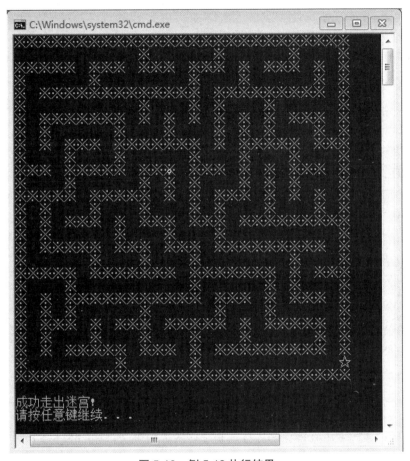

图 5-18　例 5-13 执行结果

④ 程序分析。

（a）此例中，迷宫数组 Map[HEIGHT+2][WIDTH+2]为全局变量，可被程序文件中的各个函数共用，其有效范围从定义变量的位置开始到该文件结束。各函数内定义的变量为局部变量，只能被该函数自身所使用，其有效范围在该函数范围内，如函数 gomap 中的结构体变量 pos、窗体句柄 hOut、字符变量 key 等。

（b）迷宫数组 Map[HEIGHT+2][WIDTH+2]在程序执行期间将一直占用内存单元。自动变量（如函数 gomap 中的结构体变量 pos、窗体句柄 hOut、字符变量 key 等）在作用域结束后将释放内存。

课后练习

一、选择题

（1）以下关于形参和实参的说明中，错误的是_____。

A. 实参和形参占用不同的内存单元，即使同名也互不影响。

B. 实参对形参的数据传递是双向的，既可以把实参的值传递给形参，也可以把形参的值反向传递给实参。

C. 实参在进行函数调用时，它们必须具有确定的值，以便把这些值传递给形参。

D. 形参变量只有在被调用时，才被分配内存单元。

（2）以下正确的函数原形说明语句是_____。

A. int（char ch）；　　　　　　　　　B. double fun（x）；

C. float fun（void y）；　　　　　　　D. void fun（int x）；

（3）下列关于函数的说法中错误的是_____。

A. 函数定义中的参数列表是实际参数列表。

B. 调用有参函数时，调用函数将赋予这些参数实际的值。

C. 根据函数是否需要参数，可以将函数分为无参函数和有参函数两种。

D. 任何函数都由函数说明和函数体两个部分组成。

（4）下列函数首部正确的是_____。

A. void play（var：integer，var：integer b）

B. sub play（a as integer，b as integer）

C. void play（int a，int b）

D. void play（int a，b）

（5）关于函数递归调用说法中错误的是_____。

A. 每调用一次就进入新的一层。

B. 在递归调用中，调用函数又是被调用函数，执行递归函数将反复调用其自身。

C. 为了防止递归调用无休止地运行，必须在函数内有终止递归的手段。

D. 在递归调用中的每一次调用该函数，所使用的实参都相同。

（6）以下程序的输出结果是_____。

```
float max(float x,float y)
{
  float z=x;
  if(z<y)
    z=y;
  return z;
}
void main()
{
  float a=5.6,b=7.8;
```

```
  int c;
  c=max(a,b);
  printf("%d",c);
}
```

A. 7.8 B. 7 C. 5 D. 8

二、判断题

（1）在 C 程序中，函数既可以嵌套定义，也可以嵌套调用。（   ）

（2）数组名代表数组的首地址。（   ）

（3）通过传地址的方法可以将一个字符串从一个函数"传递"到另一个函数中。（   ）

（4）C 程序总是从函数 main 的第一条语句开始执行的。（   ）

（5）变量名作为函数实参时，通过函数调用能够改变该变量的值。（   ）

（6）数组名可以作为参数进行传递。（   ）

第6章

指　针

第6章微课、课件
及其他资源

　　指针是 C 语言的核心内容，是 C 语言的重要特色，它以一种统一的方式引用不同类型的数据。指针使 C 语言程序的编写更加灵活，使 C 语言程序对数据的访问也更加便捷、高效。

　　● 通过指针访问内存数据，使得不同模块的代码可以更容易地读/写同一块数据，从而提升了程序效率。

　　● 指针使得一些复杂的数据结构的构建成为可能，如链表、二叉树。

　　● C 语言程序中，内存的申请、在被调用函数中修改调用函数的对象等操作都必须使用指针。

　　指针，即地址，是 C 语言中一个重要的概念。使用指针可以对存放数据的地址进行操作，同时也可以间接表达数据，因此指针有效地提升了 C 语言的数据表达能力。在应用方面，它不仅能够用来表达单个数据，还可以用来表达数组、实现数据的交换和传递，以及动态分配数据内存。使用指针可以使程序简洁、紧凑和高效，是 C 语言的精华所在。

6.1　指针概述

6.1.1　内存与地址的概念

　　若要了解指针就必须首先了解内存。内存是存储程序和数据的地方，物理上是指用来存放计算机信息的物理设备（芯片）。在 C 语言中，内存可以看作由一组有序字节组成的数组，每个字节都有唯一的内存地址。如果从 0 开始对这些连续的字节编号，那么每个字节都有一个唯一的编号，这个编号即为内存地址。以一个 4GB 内存为例，如图 6-1 所示，左侧连续的十六进制编号为内存地址，每字节对应 1 字节的内存空间，指针变量中存放的就是这个编号，即内存地址。

　　对于内存单元的操作实际就是通过地址实现对相应位置数据的读/写。如果把内存比作房间，那么地址就是房间的门牌号，也就是说，可以通过地址来找到存放数据的内存空间。因此，应用内存时必须区分内存单元的地址和内容。

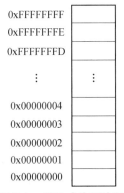

图 6-1　4GB 内存示意图

6.1.2　指针的概念

在 C 语言中，变量以变量名代表地址信息，以变量值代表该内存地址中存储的数据。可以通过地址运算符&提取变量在内存中的地址。

例如，声明一个整型变量：

```
int  a=10;
int  *p=&a;
```

上例中，在 **VS.NET** 开发工具（以 32 位机器和对应的 32 位操作系统为例，本书后面的开发环境在不进行特殊说明的情况下都与此一致）中为变量 a 分配一个 4 字节的内存空间（起始地址为 1002），并在其内存中存放整型数据 10（见图 6-2）。表达式&a 用于提取变量 a 在内存中的地址，即 1002。

图 6-2　变量、内存、指针

在 C 语言中，指针与地址的概念相同，一个变量的地址称为该变量的"指针"，如图 6-2 中 1002 即为整型变量 a 的指针。

6.2　指 针 变 量

一个变量如果专门用来存放另一变量的地址（指针），则称为指针变量，如图 6-2 中指针变量 p 在内存中存放的就是整型变量 a 的地址（1002）。既可以在指针变量中存放其他变量的地址，也可以通过指针变量，间接地读/写它所指向的变量的值。

6.2.1　指针变量的定义

指针变量不同于整型变量和其他类型的变量，它是用来专门存放地址的，必须将它定义为"指针类型"。

定义指针变量的一般形式如下：

```
类型说明符  *指针变量;
```

其中，类型说明符表示该指针变量所指向的变量的数据类型，它包括 C 语言所支持的数据类型；*表示该变量是指针类型；指针变量名遵循标识符命名规则。

例如：

```
int *a;   /*表示指向整型变量的指针变量*/
float *b; /*表示指向实型变量的指针变量*/
char *c;  /*表示指向字符型变量的指针变量*/
```

6.2.2　指针变量的初始化

同普通的变量一样，指针变量在使用前除要进行声明定义外还要进行初始化。但是，与普通变量不同的是，指针变量必须用地址进行初始化。内存单元的地址不可以随意使用，因此，C 语言中可以通过地址运算符&提取变量的地址，以实现对指针变量的初始化赋值。

例如：

```
int a,*p;
p=&a;
```

上例中，通过地址运算符&提取变量 a 的地址，然后赋值给指针变量 p，完成对指针变量 p 的初始化赋值。因此，指针变量 p 存放了变量 a 的地址。指针变量初始化示意图如图 6-3 所示。

图 6-3　指针变量初始化示意图

也可以通过下列语句对指针变量赋空值，即不指向任何地方：

```
p=NULL;
```

例 6-1　定义指针变量 pa 和 pb 分别指向整型变量 a 和 b，要求分别输出 pa、pb 及 a、b 的地址。

① 编程分析。

（a）数据结构。

类型	题目要求	形式语言（C）的表达
定义数据	整型变量 a 和 b	整型（int）变量：a, b
定义数据	指针变量 pa 和 pb 分别指向整型变量 a 和 b	整型（int）指针变量：pa, pb pa←&a pb←&b

（b）算法。

算法流程	形式语言（C）的表达
输出 pa、pb、&a、&b	利用函数 printf 输出 pa、pb、&a、&b，指针变量输出格式控制字符采用%p

② 程序代码。

程序代码如下：

```
#include <stdio.h>
void main()
{
    int a,b;
    int *pa=&a,*pb=&b;
    printf("&a=%p &b=%p\n",&a,&b);
    printf("pa=%p pb=%p\n",pa,pb);
}
```

③ 执行结果。

例 6-1 执行结果如图 6-4 所示。

图 6-4　例 6-1 执行结果

④ 结果分析。

指针变量 pa 的值与 a 的地址一致，指针变量 pb 的值与 b 的地址一致。

6.2.3　指针变量的引用

由于指针变量的值就是变量的地址，因此既可以通过引用指针直接访问数据的地址，也可以通过引用指针间接访问变量的内容。

（1）指针变量。

指针变量存放指针所指向的变量的地址。例如：

```
int a;
int *p=&a;
```

将变量 a 的地址赋值给指针变量 p，使指针变量 p 存放变量 a 的地址。

（2）*指针变量。

"*指针变量"代表指针变量所指向的变量的值。例如：

```
int a;
int *p=&a;
*p=3;
```

将 p 所指向的内存单元赋值为 3，也就是将变量 a 赋值为 3，如图 6-5 所示。

注意：不能对空指针取值。

因此，存取变量的值有以下两种方式。

（a）直接访问：通过变量名存取变量。例如：

```
int a;
a=3;
```

如图 6-6 所示。

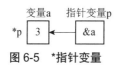

变量a　指针变量p

图 6-5　*指针变量

变量a

图 6-6　直接访问

（b）间接访问：通过指向变量的指针存取变量，方式如下：

*指针变量

例 6-2　定义整型变量 a 并为其赋值，要求分别通过直接访问和间接访问方式输出 a 的值。

① 程序代码。

程序代码如下：

```c
#include <stdio.h>
void main()
{
    int a=3,*pa;
    pa=&a;
    printf("a=%d  *pa=%d\n",a,*pa);
}
```

② 执行结果。

例 6-2 执行结果如图 6-7 所示。

图 6-7　例 6-2 执行结果

例 6-3　定义两个单精度实数，并将它们的值进行交换（要求以指针实现）。

① 编程分析。

（a）数据结构。

类型	题目要求	形式语言（C）的表达
定义数据	2 个单精度实型变量 a 和实型变量 b	2 个实型（float）变量：a、b
定义数据	指针变量 pa 和指针变量 pb 分别指向实型变量 a 和实型变量 b	2 个实型（float）指针变量：pa，pb pa←&a pb←&b
临时数据		1 个实型（float）变量：temp 用于在进行交换时存放待交换变量的值

（b）算法。

算法流程	形式语言（C）的表达
通过指针交换变量 a 和变量 b 的数值	交换过程如图 6-8 所示
输出 a 和 b 的值，验证交换结果	利用函数 printf 输出 a 和 b 交换后的值

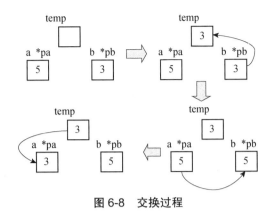

图 6-8 交换过程

② 程序代码。

程序代码如下：

```
#include <stdio.h>
void main()
{
    float a,b,*pa,*pb;
    pa=&a;
    pb=&b;
    printf("Please input a  b:");
    scanf("%f%f",pa,pb);

    float temp;
    temp=*pb;
    *pb=*pa;
    *pa=temp;
    printf("a=%f   b=%f\n",a,b);
}
```

③ 执行结果。

图 6-3 执行结果如图 6-9 所示。

图 6-9　例 6-3 执行结果

6.2.4　指针变量的运算

与指针变量有关的运算符如下。

&：取地址运算符。

*：指针运算符（或称"间接访问"运算符）。

注意：在定义指针变量时，符号*表示所定义的变量为指针类型；在引用时，符号*表示指针变量所指向的变量。

由于指针变量存放的是数据在内存中的地址，因此指针变量可以参与的数学运算很少，仅限于地址的前后迁移运算，即指针变量与整数的加运算、减运算、自增运算、自减运算。

其中，加法运算和自增运算代表指针向前移，减法运算和自减运算代表指针向后移。

例 6-4 演示指针变量与整数相加、相减的运算。

① 程序代码。

程序代码如下：

```c
#include <stdio.h>
void main()
{
    int a=10;
    int *p=&a;
    printf("p=%d  p+1=%d  p-1=%d\n",p,p+1,p-1);
}
```

② 执行结果。

例 6-4 执行结果如图 6-10 所示。

图 6-10   例 6-4 执行结果

③ 结果分析。

例 6-4 中首先定义指针变量 p 指向整型变量 a，其次 p+1 指向下一个内存空间。注意，p+1 并不是将 p 的值（地址）进行简单的加 1 操作，而是加上 p 的类型占用的字节数。因为 p 是 int 类型，占 4 字节内存，故程序执行结果中 p 的值为 1244968、p+1 的值为 1244972（p 的值加 4）、p-1 的值为 1244964（p 的值减 4）。

6.2.5   指针变量作为函数参数

在 C 语言中，指针变量可以作为函数的参数使用，以将一个变量的地址传递到另一个函数中。

例 6-5 定义两个单精度实数，并将它们的值进行交换（要求在例 6-3 的基础上，以函数实现交换）。

① 编程分析。

（a）数据结构。

类型	题目要求	形式语言（C）的表达
定义数据（main）	2 个单精度实型变量 a 和实型变量 b	2 个实型（float）变量：a、b
定义数据（main）	指针变量 pa 和指针变量 pb 分别指向实型变量 a 和实型变量 b	2 个实型（float）指针变量：pa，pb pa←&a pb←&b
临时数据（swap）		1 个实型（float）变量：temp 用于进行交换时存放待交换变量的值

（b）算法。

算法流程	形式语言（C）的表达
从键盘读入 a、b 的值（main）	利用函数 scanf 从键盘读入 2 个实数，并分别存放在 a 和 b 中
交换 a 与 b 的数值（swap）	编写函数 swap 完成 a 与 b 的数值交换，其中函数的形参为指针类型 void swap（float *px，float *py）
在 main 函数中调用 swap 函数	swap（pa，pb）
输出 a 和 b 的值，验证交换结果（main）	利用函数 printf 输出 a 和 b 交换后的值

② 程序代码。

程序代码如下：

```c
#include <stdio.h>
void swap(float *px,float *py);
void main()
{
    float a,b,*pa,*pb;
    pa=&a;
    pb=&b;
    printf("Please input a  b:");
    scanf("%f%f",pa,pb);
    swap(pa,pb);
    printf("a=%f   b=%f\n",a,b);
}
void swap(float *px,float *py)
{

    float temp;
    temp=*py;
    *py=*px;
    *px=temp;
}
```

③ 执行结果。

例 6-5 执行结果如图 6-11 所示。

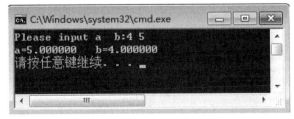

图 6-11　例 6-5 执行结果

④ 结果分析。

在调用函数 swap 前，变量 a、b 的值分别为 4 和 5（见图 6-12）。主函数调用函数 swap 将实参指针变量 pa、pb 的值分别传递给形参指针变量 px、py（见图 6-13），px 指向变量 a，py 指向变量 b。在函数 swap 中交换*px、*py 的值，即交换变量 a、b 的值，如图 6-14 所示。

因此，以指针变量作为函数的实参的方式实际是"传递地址"的方式，在函数内可以修改指针变量所指向的变量的数值。这与变量作为函数的实参是不同的，变量作为函数的实参是将变量的数值传递给形参，在函数内修改形参变量的值时无法改变实参的值，因为形参与实参是不同的内存单元。

图 6-12　交换前变量 a 和 b 的值　　　　图 6-13　调用函数 swap 将实参值分别传递给形参

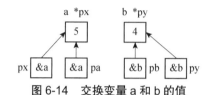

图 6-14　交换变量 a 和 b 的值

例 6-6　请分析如下程序中，为何变量 a 和 b 的值没有交换？

① 程序代码。

程序代码如下：

```c
#include <stdio.h>
void swap(float *px,float *py);
void main()
{
    float a,b,*pa,*pb;
    pa=&a;
    pb=&b;
    printf("Please input a b:");
    scanf("%f%f",pa,pb);
    swap(pa,pb);
    printf("a=%f  b=%f\n",a,b);
}
void swap(float *px,float *py)
{

    float *temp;
    temp=py;
    py=px;
    px=temp;
}
```

② 执行结果。

例 6-6 执行结果如图 6-15 所示。

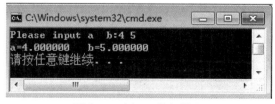

图 6-15　例 6-6 执行结果

③ 结果分析。

在调用函数 swap 前，变量 a、b 的值分别为 4 和 5。主函数调用函数 swap，将实参指针变量 pa、pb 的值分别传递给实参指针变量 px、py，px 指向变量 a，py 指向变量 b。上述执行情况与例 6-5 中程序的执行情况是一致的。但是在函数 swap 中交换 px、py 的值（见图 6-16）时，并没有交换变量 a、b 的值。

在函数 swap 内修改形参变量 px、py 的值时无法改变实参 pa、pb 的值，这是因为形参 px、py 与实参 pa、pb 是不同的内存单元。交换形参的值是不影响实参的，所以无法交换变量 a、b 的值。

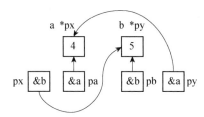

图 6-16　在函数 swap 交换 px 与 py 的值

例 6-7　趣味程序（移动的笑脸符号——连续移动）：在方框内通过上、下、左、右键连续移动笑脸符号，按 ESC 键退出程序。

① 算法分析。

在例 5-2 中，已经实现了在方框范围内单步移动笑脸符号的程序的编写。本例以例 5-2 为基础，编写连续移动函数（smilemv），在连续移动函数中嵌套调用单步移动函数（onestepsmilemv）以实现连续移动。

（a）单步移动函数（onestepsmilemv）。

在嵌套调用该函数过程中，笑脸符号在每次单步移动后都需要将光标位置传递回调用函数（连续移动函数 smilemv），所以单步移动函数需要以 COORD 类型的指针变量 pos 作为形参。

（b）编写连续移动函数（smilemv）。

循环读入用户输入的功能键，判断输入是否为 ESC 键，如果不是则继续调用单步移动函数，否则退出程序。

② 程序代码。

程序代码如下：

```
#include <windows.h>
#include <stdio.h>
#include <conio.h>
/*定义方向键与ESC键ASCII码的符号常量*/
#define  UP 72      /*向上*/
#define  DOWN 80    /*向下*/
#define  LEFT 75    /*向左*/
#define  RIGHT 77   /*向右*/
#define  ESC 27
/*函数声明*/
void frame(int left,int right,int top,int bottom,HANDLE hOut);
void onestepsmilemv(int left,int right,int top,int bottom,HANDLE hOut,COORD *pos,char key);
void smilemv(int left,int right,int top,int bottom,HANDLE hOut,COORD *pos,char key);
```

```
/*主函数*/
void main(void)
{
    /*获取输出窗口句柄*/
    HANDLE hOut=GetStdHandle(STD_OUTPUT_HANDLE);
    /*设置方框的坐标*/
    int left=10;
    int right=30;
    int top=10;
    int bottom=20;
    /*调用函数 frame 绘制方框*/
    frame(left,right,top,bottom,hOut);
    /*在方框的中心位置输出笑脸符号*/
    COORD pos;
    pos.X=(left+right)/2;
    pos.Y=(top+bottom)/2;
    SetConsoleCursorPosition(hOut,pos);
    putchar(2);
    /*获取用户的输入*/
    char key;
    getch();
    key=getch();
/*调用连续移动函数*/
smilemv(left,right,top,bottom,hOut,&pos,key);
}
/*函数名:frame
   功能:绘制方框*/
void frame(int left,int right,int top,int bottom,HANDLE hOut)
{
    COORD pos;
    int i,j;
    /*绘制方框的上下两条横线*/
    for(i=left;i<right+1;i++)
    {
        pos.Y=top;
        pos.X=i;
        SetConsoleCursorPosition(hOut,pos);
        putchar('-');
        pos.Y=bottom;
        pos.X=i;
        SetConsoleCursorPosition(hOut,pos);
        putchar('-');
    }
    /*绘制方框的左右两条竖线*/
    for (j=top;j<bottom+1;j++)
    {
        pos.X=left;
        pos.Y=j;
        SetConsoleCursorPosition(hOut,pos);
        putchar('|');
        pos.X=right;
        pos.Y=j;
        SetConsoleCursorPosition(hOut,pos);
        putchar('|');
    }
}
```

```
/*函数名:onestepsmilemv
   功能:单步移动笑脸符号*/
void onestepsmilemv(int left,int right,int top,int bottom,HANDLE hOut,COORD *pos,char key)
{
    /*在原位置输出空格*/
    SetConsoleCursorPosition(hOut,*pos);
    putchar(' ');
    /*根据方向键重新设置pos的坐标*/
    switch(key)
    {
    case UP:
        if(pos->Y==top+1)
            pos->Y=bottom-1;
        else
            pos->Y--;
        break;
    case DOWN:
        if(pos->Y==bottom-1)
            pos->Y=top+1;
        else
            pos->Y++;
        break;
    case LEFT:
        if(pos->X==left+1)
            pos->X=right-1;
        else
            pos->X--;
        break;
    case RIGHT:
        if(pos->X==right-1)
            pos->X=left+1;
        else
            pos->X++;
        break;
    default:
        ;/*此时,除输入上下左右方向键外,笑脸符号都不移动*/
    }
    /*重新设置光标的新位置,并输出笑脸符号*/
    SetConsoleCursorPosition(hOut,*pos);
    putchar(2);
}
/*函数名:smilemv
   功能:连续移动笑脸符号*/
void smilemv(int left,int right,int top,int bottom,HANDLE hOut,COORD *pos,char key)
{
    while(key!=ESC)
    {
        onestepsmilemv(left,right,top,bottom,hOut,pos,key);
        getch();
        key=getch();
    }
}
```

③ 执行结果。

例 6-7 执行结果如图 6-17 所示。

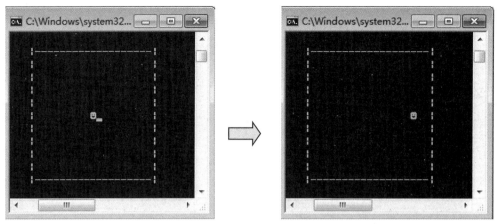

图 6-17　例 6-7 执行结果

6.3　指针与数组

6.3.1　指向数组元素的指针

数组是内存地址连续存放的数据集合，数组名就是一段连续内存单元的首地址，也就是数组中第一个元素的地址。对于数组元素的引用除使用下标法外，还可以使用指针，也就是说，可以通过指向数组元素的指针找到所要访问的元素，这种方法通常称为指针法。

例如，首先声明一个整型数组和一个整型指针：

```
int a[10];
int *p;
```

然后将数组 a 的首地址赋值给指针变量 p，由于数组名的双重特性，所以对指针变量 p 的赋值有两种方法：

方法 1：p=a；

方法 2：p=&a[0]；

这样便在内存中建立了指针变量与数组元素地址的对应关系，如图 6-18 所示。

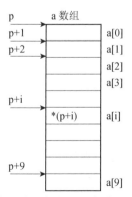

图 6-18　指针变量与数组元素地址的对应关系

6.3.2 通过指针引用数组元素

在如图 6-18 所示中,指针变量 p 与数组建立了对应关系,因此可以通过指针访问数组元素。例如:

```
*p=0;
/*将指针变量 p 所指向的元素 a[0]赋值为 0,等价于 a[0]=0*/
*(p+3)=3;
/*将 p+3 所指向的元素 a[3]赋值为 3,等价于 a[3]=3*/
```

需要注意的是:

● p+i 的值即是 a[i]的地址;

● *(p+i)是 p+i 所指向的数组元素,即 a[i];

● 当完成上述声明和初始化赋值后,p 和 a 便具有了等价互换的功能,因此也可以对指针变量使用下标法引用数组元素。例如,引用 p+i 所指向的元素,可表述为 p[i]。

需要特别强调的是,使用指针法访问数组可使目标程序质量更高。

例 6-8 一个数组中存放了 6 个学生的成绩,请使用指针法计算 6 个学生的平均成绩。

① 编程分析。

(a)数据结构。

类型	题目要求	形式语言(C)的表达
输入数据	1 个数组中存放了 6 个学生的成绩	1 个实型(float)数组:a[6] 用于赋初值
数据	指针变量 p 指向实型数组 a	1 个实型(float)指针变量:p p←a 或 p←&a[0]
输出数据	6 个学生的平均成绩	1 个实型(float)变量:mean 初值为 0,先计算成绩累加值,后续计算平均成绩

(b)算法。

算法流程	形式语言(C)的表达
以指针变量 p 指向数组 a,并计算成绩累加值	for 循环计算数组 a 中各个元素的累加值: mean+=*(p+i)
计算平均成绩	mean/=6
输出平均成绩	利用函数 printf 输出 mean 的值

② 程序代码。

程序代码如下:

```c
#include <stdio.h>
void main()
{
    float a[6]={56,74,96,87,65,81};
    float mean=0;
    float *p=a;
    for(int i=0;i<6;i++)
    mean+=*(p+i);
    mean/=6;
```

```
        printf("mean value is %.1f\n",mean);
}
```

③ 执行结果。

例 6-8 执行结果如图 6-19 所示。

图 6-19　例 6-8 执行结果

④ 思考问题。

本例通过指针变量计算数组元素地址，并找到各个元素，是否可以改为利用指针变量遍历数组元素的方式来实现呢？

例 6-9　输入一个整型数组，使最大值元素与第一个元素交换，最小值元素与最后一个元素交换，最后输出交换后的数组。

① 编程分析。

（a）数据结构。

类型	题目要求	形式语言（C）的表达
输入数据	整型数组	1 个整型（int）数组：a[10]
数据		3 个整型（int）指针变量： max←a min←a p←a
临时数据		1 个整型（int）变量：temp 用于进行交换时存放待交换变量的值

（b）算法。

算法流程	形式语言（C）的表达
从键盘读入数组 a 中各个元素的值	for 循环处理： 　　利用函数 scanf 从键盘读入数据，并存放在数组 a 的对应元素中
遍历数组寻找最大值元素	for 循环： 　　以指针变量 p 遍历数组 　　max 指向最大值元素
交换最大值元素与第一个元素的值	temp←*max; *max←a[0]; a[0]←temp;
遍历数组寻找最小值元素	for 循环： 　　以指针变量 p 遍历数组 　　min 指向最小值元素
换最小值元素与最后一个元素的值	temp←*min; *min←a[9]; a[9]←temp;
输出数组 a 的值，验证交换后的结果	循环利用函数 printf 输出数组 a 中各个元素的值

② 程序代码。

程序代码如下：

```c
#include <stdio.h>
void main()
{
    int a[10];
    int i;
    printf("Please input a[10]:");
    for (i=0; i<10; i++)
        scanf("%d", &a[i]);

    int* max, *min,temp;
    int* p;
    max=min=a;

    for (p=a+1; p<a+10; p++)
    {
        if(*p>*max)
            max=p;
    }
    temp=*max;
    *max=*a;
    *a=temp;

    for(p=a+1;p<a+10;p++)
    {
        if(*p<*min)
            min=p;
    }
    temp=*min;
    *min=*(a+9);
    *(a+9)=temp;

    for (i=0;i<10;i++)
        printf("%d",a[i]);
    printf("\n");
}
```

③ 执行结果。

例 6-9 执行结果如图 6-20 所示。

图 6-20 例 6-9 执行结果

6.3.3 用指针访问二维数组

二维数组中的元素是按行存放的，因此可以把二维数组看作特殊的一维数组，其元素是一个一维数组。

例如，可以将二维数组 a[3][3]（见图 6-21）看作由一维数组 a[0]、a[1]、a[2]构成的，因此 a[0]、a[1]、a[2]是数组 a 的三个元素，数组名 a 是数组的首地址，即 a 与&a[0]相等。对于一维数组 a[i]（i=0，1，2）而言，a[i]是由数组元素 a[i][0]、a[i][1]、a[i][2]构成的，a[i]是数组 a 的第 i 行的首地址，a[i]与&a[i][0]相等，即 a[i]+0 与&a[i][0]相等，根据地址运算规则 a[i]+1 与&a[i][1]相等，因此 a[i]+j 与&a[i][j]相等。所以，a[i][j]可以表述为 *(a[i]+j) 或 (*(a+i))[j]。

$$a: \begin{bmatrix} a_{00} & a_{01} & a_{02} \\ a_{10} & a_{11} & a_{12} \\ a_{20} & a_{21} & a_{22} \end{bmatrix} \longrightarrow \begin{matrix} a_0: [a_{00} \ a_{01} \ a_{02}] \\ a_1: [a_{10} \ a_{11} \ a_{12}] \\ a_2: [a_{20} \ a_{21} \ a_{22}] \end{matrix}$$

图 6-21　二维数组 a 示意图

基于上述分析可知，a、a[i]都是指针，定义一个指向整型二维数组 a[3][3]的指针的方法如下：

```
int (*p)[3]=a;
```

a[0][0]、a[0][1]、a[0][2]在(*p)[0]中，a[1][0]、a[1][1]、a[1][2]在(*p)[1]中，a[2][0]、a[2][1]、a[2][2]在(*p)[2]中。*p+1 指向 a[0][1]，*(p+i)+j 指向 a[i][j]。

6.3.4　用数组名作为函数参数

数组名可以用作函数的实参和形参。由于数组名也是数组的首地址，所以数组名作为函数的实参从本质上是将地址传递给函数的形参，在函数内修改形参所指向的对象实际上是修改了相应的实参数组元素的值。

例 6-10　输入一个整型数组，使最大值元素与第一个元素交换，最小值元素与最后一个元素交换，最后输出交换后的数组（以函数实现）。

① 编程分析。

在例 6-9 分析的基础上编写函数 chang。

（a）遍历数组，以指针变量 max 指向数组 a 中最大值的元素，然后将数组中最大的元素与第一个元素交换。

（b）遍历数组，以指针变量 min 指向最小值的元素，然后将数组中最小的元素与最后一个元素交换。

② 程序代码。

程序代码如下：

```
#include <stdio.h>
void chang(int *p)
{
    int *max,*min,temp;
    int *q;
    max=min=p;
    for(q=p+1;q<p+10;q++)
    {
        if(*q>*max)
            max=q;
```

```
    }
    temp=*max;
    *max=*p;
    *p=temp;
    for(q=p+1;q<p+10;q++)
    {
            if(*q<*min)
                min=q;
    }
    temp=*min;
    *min=*(p+9);
    *(p+9)=temp;
}
void main()
{
    int a[10];
    int i;
    printf("Please input a[10]:");
    for(i=0;i<10;i++)
        scanf("%d",&a[i]);
    chang(a);
    for(i=0;i<10;i++)
        printf("%d ",a[i]);
    printf("\n");
}
```

③ 执行结果。

例 6-10 执行结果如图 6-22 所示。

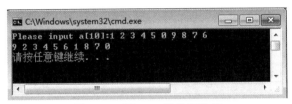

图 6-22　例 6-10 的执行结果

6.4　指针引用字符串

访问一个字符串有以下两种方法。

（1）利用字符数组存放一个字符串。例如：

```
char str[ ]="Test";
```

（2）利用字符指针指向一个字符串。例如：

```
char *str="Test";
```

等价于：

```
char *str;
str="Test";
```

例 6-11　定义字符指针，使它指向字符串"I love C!"，并输出字符串的内容。

① 程序代码。

程序代码如下：

```
#include <stdio.h>
void main()
{
    char *str="I love C!";
    printf("%s\n",str);
}
```

② 执行结果。

例 6-11 执行结果如图 6-23 所示。

图 6-23　例 6-11 的执行结果

③ 注意事项。

● 可以用指针指向字符串常量，但是不能通过指针变量对该字符串常量重新赋值，因为字符串常量是不能被改变的。

● 通过字符数组名或字符指针变量可以输出一个字符串，而对一个数值型数组，是不能用数组名输出它的全部元素的。

● 对字符串中字符的存取，既可以用下标法，也可以用指针法。

6.5　二　级　指　针

指针的值虽然是地址，但这个地址作为一个值也需要空间来存放。任意空间在内存中都有地址，可以利用二级指针获取用于存放指针的内存空间的地址。指向指针的指针称为二级指针，用于存放二级指针的变量称为二级指针变量。

例如：

```
int a, *pa, **p_pa;
a=20;
pa=&a;
p_pa=&pa;
```

上例中，变量、一级指针和二级指针的对应关系如图 6-24 所示。其中，a 为整型变量；pa 为指向整型变量 a 的指针（一级指针），用于存放变量 a 的地址；p_pa 为指向指针变量 pa 的指针（二级指针），用于存放整型指针变量 pa 的地址。

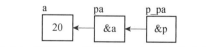

图 6-24　变量、一级指针和二级指针的对应关系

有以下三种方法可以输出变量 a 的值：

```
printf("%d",a);
printf("%d",*pa);
printf("%d",**p_pa);
```

课 后 练 习

一、选择题

（1）有说明语句 double a，*p;，以下能够通过函数 scanf 正确完成输入的程序段是_____。

A. p = &a；scanf（"%lf"，p）;

B. *p = &a；scanf（"%f"，p）;

C. p = &a；scanf（"%lf"，*p）;

D. *p = &a；scanf（"%lf"，p）;

（2）有定义语句 int n1 = 0，n2，*p = &n2，*q = &n1;，以下赋值语句中与 n2 = n1；等价的是_____。

A. *p = &n1　　　B. p = q;　　　C. *p = *q;　　　D. p = *q;

（3）已有定义 int i，a[10]，*p;，则合法的赋值语句是_____。

A. p = a[2]+2;　　B. p = 100;　　C. p = a+2;　　D. 随机值

（4）有以下程序：

```
main()
{
    int x[8]={8,7,6,5,0,0},*s;
    s=x+3;
    printf("%d\n",s[2]);
}
```

该程序的输出结果是_____。

A. 0　　　　　　B. 5　　　　　　C. 6　　　　　　D. 随机值

（5）有以下程序：

```
# include <stdio.h>
#include <string.h>
void f(char *s,char *t)
{
    char k;
    k=*s;*s=*t;*t=k;
    s++;t--;
    if (*s)f(s,t);
}
main()
{
char str[10]="abcdefg",*p;
    p=str+strlen(str)/2+1;
    f(p,p-2);
```

```
    printf("%s\n",str);
}
```

该程序的输出结果是_____。

A. abcdefg   B. gfedcba   C. afedcbg   D. abedcfg

（6）下列程序的输出结果是_____。

```
int a[5]={2,4,6,8,10},*p;
p=a;
printf("%d",*(p++));
```

A. 6   B. 4   C. 8   D. 2

二、判断题

（1）指向字符串常量的字符指针变量的值是可以改变的。（   ）

（2）通过传递地址的方法可以将一个字符串从一个函数"传递"到另一个函数中。（   ）

（3）变量名作为函数实参时，通过函数调用能够改变该变量的值。（   ）

（4）数组名可以作为参数进行传递。（   ）

（5）若 char *str="Hello!"，则执行 printf("%s"，str+1); 可输出 Hello。（   ）

第 7 章

结构体和共用体

第 7 章微课、课件
及其他资源

如何描述复数等复杂数学数据呢？如何描述现实世界中的复杂数据呢？本章将详细介绍如何用 C 语言描述具有不同属性的复杂数据——结构体、共用体。

7.1　结　构　体

虽然在 C 语言中没有描述数学中复数的数据类型，但是可以采用包含两个元素的实型数组 a[2] 来描述复数，其中第一个元素（a[0]）表示实部，第二个元素（a[1]）表示虚部，如图 7-1 所示。这种方式需要程序员牢记数组元素的实际表示意义，以避免混淆。

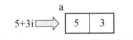

5+3i ⟹ | 5 | 3 |

图 7-1　以实型数组描述复数

假设需要存储学生的信息，其中包括学生的姓名、学号、成绩等，且其类型各不相同。如果将这些信息分别定义为互相独立的数组，那么很难反映出数组之间的内在联系。因此，需要有一种数据结构将这些数据组合起来，并存储在一个单元中，其中包含若干个类型不同（当然也可以相同）的数据项，结构体恰好可以满足上述要求。

结构体是一种较为复杂却非常灵活的构造型数据类型，它可以将不同类型的数据组合成一个有机的整体，以存储多种类型的数据。组成结构体的每个数据称为该结构体的成员项，简称成员。

7.1.1　结构体的定义

结构体声明的一般形式为：

```
struct 结构体名
{
    数据类型  成员名1;
    数据类型  成员名2;
    ...      ...
    数据类型  成员名n;
};
```

其中，struct 是定义结构体的关键字；"结构体名"是该结构体的名称，遵循标识符命名规则；struct 和"结构体名"组成结构体，与标准类型（如 int、char 等）具有同样的作用，都可以用来定义变量的类型。"成员名"是成员名称，各成员变量类型及名称均要写在一对大括号内，成员名称可以和程序中的其他变量同名，不同结构体中的成员也可以同名。结构体定义最后要以分号结束。

虽然复数的实部类型和虚部类型一致，可以用数组来描述，但是定义结构体 struct complex 来描述复数则更为合适，其中包括两个成员，分别为 real（表示实部）和 image（表示虚部），如图 7-2 所示。

图 7-2　以结构体类型描述复数类型

复数结构体的定义如下：

```
struct complex
{
    float    real;          /*实部 */
    float    image;         /*虚部*/
};
```

当 image 的成员值为零时，描述实数数据。这种方式可以使程序员清晰地理清数据成员的意义，并使后续人员对程序的维护和修改都更为方便。

在复数结构体定义中，两个成员类型一致，结构体也可以定义为包含若干个类型不同的成员的数据类型，如学生信息。在如图 7-3 所示中，以结构体类型 struct student 描述学生信息。

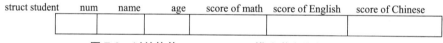

图 7-3　以结构体 struct student 描述学生信息

学生信息结构体的定义如下：

```
struct student
{
    int   num;              /* 学号 */
    char name[20];          /* 姓名 */
    int   age;              /* 年龄 */
    float score[3];         /* 成绩数组,包括数学、英语、中文成绩 */
};
```

struct student 为描述学生信息的结构体，包括了 4 个成员。其中，描述年龄的成员 age 其数值随数据存储时间的变化而发生变化，如果不及时更新此信息，则会造成数据系统信息存储错误。因此，一般对年龄信息的描述常表述为"出生年/月/日"。

结构体中的成员类型既可以是基本数据类型，也可以是结构体类型，struct student 类型中成员 age 可以用 birthday 成员替代。

```
struct student
{
    int          num;           /* 学号 */
    char         name[20];      /* 姓名 */
    struct date  birthday;      /* 出生日期 */
    float        score[3];      /* 成绩数组,包括数学、英语、中文成绩 */
};
```

其中，birthday 成员的类型也是一个结构体（struct date）类型，struct date 类型定义如下：

```
struct date
{
    int year;
    int month;
    int day;
};
```

其中，包括成员 year、month、day 分别表示日期中的年、月、日。

7.1.2　结构体变量的定义

（1）定义结构体变量的方法。

结构体是一种自定义类型，与 C 语言的基本类型一样，可以定义变量。在程序中使用结构体中的数据时，要首先定义结构体的变量。定义结构体的变量有三种方法。

① 首先声明结构体的类型，然后定义结构体的变量。

定义的一般形式为：

```
struct 结构体名 结构体变量名;
```

例如：

```
struct student s1,s2;
```

这种方式与标准类型的变量定义形式一样，其中 struct student 是结构体类型名，与标准类型相似，s1、s2 在定义后具备了 struct student 类型的结构，系统将为其分配内存单元。

② 在声明结构体类型的同时定义变量。

定义的一般形式为：

```
struct 结构体名
{
    成员表列;
} 变量名表列;
```

这种方式在定义结构体的类型的同时定义结构体的变量。

例如：

```
struct stduent
{
    int          num;
    char         name[20];
    struct date  birthday;
    float        score[3];
}s1,s2;
```

在定义了 struct student 类型的同时，定义了两个该类型的变量 s1、s2。

③ 直接定义结构体的变量。

定义的一般形式为：

```
struct
{
    成员表列；
}变量名表列；
```

这种方式直接定义了结构体的变量，但并没有给出结构体名。

例如，以下直接定义了两个结构体的变量 s1、s2：

```
struct
{
    int num;
    char name[20];
    char sex;
    float score;
    char addr[30];
}s1,s2;
```

（2）关于结构体的说明。

① 结构体与变量是不同的概念，不要混淆。只能对变量进行赋值、存取或运算，而不能对一个结构体进行赋值、存取或运算。在编译时，对结构体是不分配空间的，只对变量分配空间。

② 结构体的成员名称可以与程序中的变量名称相同，二者不代表同一对象。

③ 结构体的成员也可以是一个结构体变量。

7.1.3 结构体变量的初始化

与普通变量一样，在使用结构体变量前应首先对其初始化。初始化结构体变量的方法与其他变量的初始化方法类似，即在定义结构体变量的同时为其中的每个成员赋初值，并把各成员的值按顺序存放在大括号中，各值之间用逗号隔开。

一般形式：

```
struct 结构体名 变量 = {各成员初值};
```

例如：

```
struct student  s1 = {101,"张三",1992,5,1,100,90.5,80};
```

7.1.4 结构体变量的引用

（1）结构体变量的引用方式。

可以用成员运算符 . 对结构体成员进行引用，其引用方式为：

```
结构体变量名.成员名
```

其中，.是成员运算符，在 C 语言的所有运算符中优先级最高。

例如，将结构体变量 s1 的序号赋值位为 101：

```
s1.num=101;
```

（2）引用结构体变量时应注意的事项。

① 不能将一个结构体变量作为一个整体进行输入和输出，只能分别对结构体变量中的每个成员进行输入和输出。

例如：

```
printf("%d %s", s1.num, s1.name);
```

② 如果成员变量本身也是一个结构体类型，那么也不能直接将该成员变量作为一个整体输出，而应该采用若干个成员运算符 . 逐级找到低一级的成员，直到找到最低级的成员，然后才能对最低级的成员进行存取。例如，在输出结构体变量 s1 的出生年/月/日时，不能直接输出 s1.birthday，而应该采用 s1.birthday.year 这样的方式输出。

③ 各个成员变量可以作为普通变量进行运算。例如，s1.score[0]++，就相当于将其加 1。

例 7-1 定义结构体变量，以存放学生信息并对其进行初始化，最后输出结构体变量的值。

① 编程分析。

（a）数据结构。

类型	题目要求	形式语言（C）的表达
数据类型	学生信息	结构体类型：struct student
数据类型	日期	结构体类型：struct date
输出数据	定义结构体变量并赋初值	1 个 struct student 类型变量：s1 用于赋初值

（b）算法。

算法流程	形式语言（C）的表达
输出 s1	利用函数 printf 输出 s1

② 程序代码。

程序代码如下：

```
#include <stdio.h>
struct date
{
    int year;
    int month;
    int day;
};
struct student
{
    int num;
    char name[20];
    struct date  birthday;
    float score[3];
};
void main()
{
    struct student  s1={101, "Lifang",1999,1,1,90,80,85};
    printf("%d %s %d-%d-%d %.1f %.1f %.1f\n",s1.num,s1.name,s1.birthday.year,s1.birthday.month,s1.birthday.day,s1.score[0],s1.score[1],s1.score[2]);
}
```

③ 执行结果。

例 7-1 执行结果如图 7-4 所示。

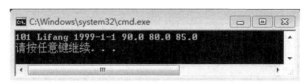

图 7-4　例 7-1 执行结果

例 7-2　计算两个复数的和。

① 编程分析。

（a）数据结构。

类型	题目要求	形式语言（C）的表达
数据类型	复数类型	结构体类型：struct complex
输入数据	2 个复数	2 个 struct complex 类型变量：a、b
输出数据	2 个复数的和	存放在 struct complex 类型变量 a 中

（b）算法。

算法流程	形式语言（C）的表达
定义复数加法函数	函数 cmpadd： 　　m.real←m.real+n.real 　　m.image←m.image+n.image 　　返回 m
在主函数中调用函数 cmpadd 以计算 2 个复数的和	a←cmpadd（a，b）
输出结果	利用函数 printf 输出 a

② 程序代码。

程序代码如下：

```c
#include <stdio.h>
struct complex cmpadd(struct complex m,struct complex n);
struct complex
{
    float real;
    float image;
};
void main()
{
    struct complex a,b;
    printf("Please input a and b:\n");
    scanf("%f%f%f%f",&a.real,&a.image,&b.real,&b.image);
    a=cmpadd(a,b);
    if(a.image>0)
        printf("=%f+%fi\n",a.real,a.image);
    else if(a.image==0)
        printf("=%f\n",a.real);
    else
```

```
        printf("=%f%fi\n",a.real,a.image);
}
struct complex cmpadd(struct complex m,struct complex n)
{
    m.real=m.real+n.real;
    m.image=m.image+n.image;
    return m;
}
```

③ 执行结果。

例 7-2 执行结果如图 7-5 所示。

图 7-5　例 7-2 执行结果

7.1.5　结构体数组

（1）结构体数组的定义。

如果要描述一个班中 30 个学生的学生信息，则使用数组最为恰当。由具有相同结构的结构体变量组成的数组称为结构体数组。例如，在实际应用中，以结构体数组表示具有相同特征的学生群体：

```
struct student  stu[30];
```

其中，stu 结构体数组包含 30 个元素，分别为 stu[0]~stu[29]，该结构体数组中的每个元素都是 struct student 类型。

结构体数组的一般形式：

```
struct 结构体类型   结构体数组名[元素个数];
```

（2）结构体数组的引用。

结构体数组中的每个元素都相当于一个结构体变量，因此其引用方式与结构体变量的引用方式类似。其引用的一般形式如下：

```
结构体数组名[下标].成员名
```

例如，s[0].name 表示结构体数组中第一个元素的成员 name。

例 7-3　描述三个学生的信息（姓名、学号、成绩），并计算平均成绩。

① 编程分析。

（a）数据结构。

类型	题目要求	形式语言（C）的表达
数据类型	学生信息	结构体类型：struct student
数据类型	日期	结构体类型：struct date

类型	题目要求	形式语言（C）的表达
数据类型	3 个学生的信息	1 个 struct student 类型数组：stu[3]
数据类型	循环变量	1 个整型（int）变量：i 作为循环变量
数据类型	累加值	1 个实型（float）变量：sum 初值 sum←0，用于计算成绩累加值
输出数据	平均成绩	sum/3

（b）算法。

算法流程	形式语言（C）的表达
输入 3 个学生的信息	在 for 循环中： 利用函数 scanf 依次读入 3 个学生的信息，并存放在数组 stu 中
计算成绩累加和	在 for 循环中（循环变量 i∈[0,3]）： sum+=stu[i]
计算平均成绩，并输出结果	sum←sum/3 利用函数 printf 输出 sum

② 程序代码。

程序代码如下：

```c
#include <stdio.h>
struct student
{
    int num;
    char name[20];
    float score;
};
void main()
{
    struct student stu[3];
    int i;
    for(i=0;i<3;i++)
    {
        printf("Please input the num name score:\n");
        scanf("%d %s %f",&stu[i].num,stu[i].name,&stu[i].score);
    }
    float sum=0;
    for(i=0;i<3;i++)
    {
        sum+=stu[i].score;
    }
    sum/=3;
    printf("The mean score of three students is %.1f\n",sum);
}
```

③ 执行结果。

例 7-3 执行结果如图 7-6 所示。

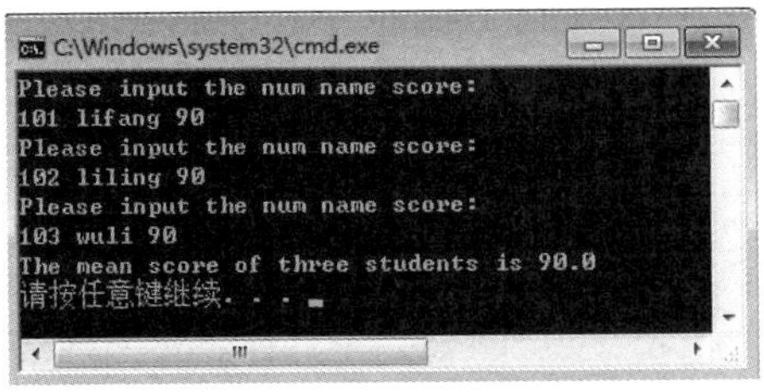

图 7-6　例 7-3 执行结果

7.1.6　结构体指针变量

结构体指针就是指向结构体数据的指针，即该结构体数据的起始地址。结构体指针变量的类型必须与它所指向的结构体变量的类型相同。

定义结构体指针变量的一般形式如下：

```
结构体类型名    *结构体指针变量名；
```

例如，定义描述学生信息的结构体 struct student，并定义该结构体的变量 s 和该结构体的指针变量 p：

```
struct student
{
int        num;
char       name[20];
struct date  birthday;
  float       score[3];
};
struct student   s;
struct student   *p;
```

若

```
p=&stu;
```

则指针变量 p 指向结构体变量 s。

对结构体成员的引用可以通过结构体指针变量表示。

方法 1：

```
(*p).成员名
```

方法 2：

```
p->成员名
```

上述两种方式与"结构体变量.成员名"所表示的意义是一致的。

例 7-4　计算两个复数的和，要求利用结构体指针变量完成。

① 编程分析。

（a）数据结构。

类型	题目要求	形式语言（C）的表达
数据类型	复数类型	结构体类型：struct complex
输入数据	2 个复数	2 个 struct complex 结构变量：c1、c2
输出数据	2 个复数的和	存放在 struct complex 结构变量 c1 中

（b）算法。

算法流程	形式语言（C）的表达

定义复数加法函数，其中形参为指针类型	cmpadd（struct complex *a1，struct complex *a2）
	{
	　　a1->real←a1->real+a2->real
	　　a1->image←a1->image+a2->image
	}

在主函数中调用函数 cmpadd 以计算 2 个复数的和	c1←cmpadd（c1，c2）
输出结果	利用函数 printf 输出 c1

② 程序代码。

程序代码如下：

```c
#include <stdio.h>
struct complex
{
    float real;
    float image;
};
void cmpadd(struct complex *a1,struct complex *a2);
void main()
{
    struct complex  c1,c2;
    printf("Please input c1:");
    scanf("%f%f",&c1.real,&c1.image);
    printf("Please input c2:");
    scanf("%f%f",&c2.real,&c2.image);
    cmpadd(&c1,&c2);
    if(c1.image>0)
        printf("=%f+%fi\n",c1.real,c1.image);
    else if(c1.image==0)
        printf("%f\n",c1.real);
    else
        printf("%f%fi\n",c1.real,c1.image);
}
void cmpadd(struct complex *a1,struct complex *a2)
{
    a1->real=a1->real+a2->real;
    a1->image=a1->image+a2->image;
}
```

③ 执行结果。

例 7-4 执行结果如图 7-7 所示。

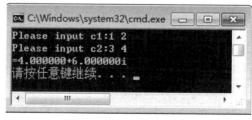

图 7-7　例 7-4 执行结果

7.2　共　用　体

结构体变量的每个成员占用独立的内存空间，结构体变量的内存空间是各个成员的内存空间之和。如果在进行 C 语言编程时，需要将使用的几种不同类型的变量存放到同一段内存单元中，那么就需要另外一种数据类型——共用体（Unit）。共用体将不同的数据组织成一个整体，共同占用一段内存，其内存空间等于字节数最大的成员的长度。

定义共用体类型的一般形式如下：

```
union 共用体名
{
    成员表列;
};
```

例如，将描述学生信息的结构体类型改用共用体描述：

```
unit ustudent
{
    int num;
    char name[20];
    float score;
};
```

共用体变量的定义与结构体变量定义一样。例如，定义 unit ustudent 类型的共用体变量：

```
unit   ustudent   ustu;
```

该共用体变量 ustu 占用内存空间 20 字节，即为其成员 ustu.name 的内存大小。同样，共用体变量的引用与结构体变量一致，不能直接引用共用体变量 ustu，只能逐个引用共用体变量的成员，如 ustu.num、ustu.name、ustu.score。

课 后 练 习

一、选择题

（1）根据下面的定义，能够打印出字母 M 的语句是_____。

```
struct person
{
  char name[9];
  int age;
};
struct person class[10]={"John",17, "Paul",19, "Mary"18, "adam",16};
```

    A. printf("%c\n",class[2].name[1]);

    B. printf("%c\n",class[2].name[0]);

    C. printf("%c\n",class[3].name);

    D. printf("%c\n",class[3].name[1]);

（2）若定义 struct stu 如下：

```
{
  int a;
  float b;
}stutype;
```

则以下叙述不正确的是_____。

A. a 和 b 都是结构体成员名。

B. struct stu 是用户定义的结构体类型。

C. stutype 是用户定义的结构体类型名。

D. struct 是结构体的关键字。

（3）已知描述学生记录如下：

```
struct birthday
{
   int year;
   int month;
   int day;
}birth;
struct student
{
  int no;
  char name[20];
  char sex;
  struct birthday birth;
}
struct student s;
```

如果结构体变量 s 中的"生日"的形式是"1984 年 11 月 11 日"，则下列对"生日"的正确赋值方式是_____。

A. s.birth.year=1984；
   s.birth.month=11；
   s.birth.day=11；

B. s.year=1984；
   s.month=11；
   s.day=11；

C. birth.year=1984；
   birth.month=11；
   birth.day=11；

D. year=1984；
   month=11；
   day=11；

（4）以下对结构体变量 stu1 中成员 age 的引用非法的是_____。

```
struct student
{
  int age;
  int num;
```

```
}stul,*p;
p=&stul;
```

    A. student.age   B. stul.age   C. p->age   D. (*p).age

（5）下面对于结构体描述正确的是_____。

    A. 结构体的大小为各成员变量所占内存的总和。

    B. 结构体的大小为其最后一个成员所占内存空间的大小。

    C. 结构体变量与简单数据类型变量的引用规则一致。

    D. 结构体的大小为其成员中所占内存空间最大的变量的大小。

二、填空题

```
struct STD
{
  char name[20];
  int age;
} s[5],*ps;
```

数组 s 所占的内存空间是_____，指针变量 ps 所占的内存空间是_____（假设整型变量在内存中占用 4 字节，当前系统为 32 位机器）。

第8章

文 件 操 作

第8章微课、课件
及其他资源

> 本书之前介绍的数据的输入、输出都是针对设备而言的。例如，从键盘上获取数据、向屏幕上输出数据等，数据与处理结果会随着程序运行结束而消失，无法保存。本章介绍的文件操作将可以从文件中读取数据，并将结果保存到文件中。

8.1 文 件 概 述

"文件"一般是指存储在外部介质上的数据集合。每个数据集都有一个名称，如源程序文件、目标文件、可执行文件、库文件（头文件）等，外部介质如硬盘、U 盘、光盘等也都是文件。

8.1.1 文件的概念

操作系统是以文件为单位对数据进行管理的，如果需要查找存储在外部介质上的数据，则必须首先按文件名查找到指定的文件，然后再从该文件中读取数据。若要向外部介质上存储数据，则也必须首先建立一个文件（以文件名标识），然后才能向外部介质上输出数据。从文件的输入与输出角度，文件包括设备文件和磁盘文件。

为了简化用户对输入和输出设备的操作，操作系统把与主机相连的各种设备抽象为文件以便处理，这类文件称为设备文件。例如，键盘是标准输入文件，显示器为标准输出文件。从键盘上输入就意味着从标准输入文件上输入数据，如函数 scanf、函数 getchar；在屏幕上显示有关信息就是向标准输出文件输出，如函数 printf、函数 putchar。

在程序运行过程中，将运行的中间数据或最终结果输出到磁盘上保存起来，在需要时再从磁盘中输入到计算机内存，这个过程需要利用磁盘文件，也就是通常所说的文件。

8.1.2 文件的分类

根据数据的组织形式，可将文件分为 ASCII 文件和二进制文件。ASCII 文件又称文本文件，每 1 字节存放一个 ASCII 码，代表一个字符。二进制文件把内存中的数据按其在内存中的存储形式原样输出到磁盘上保存。

假设有一个整数 10000，在内存中占用 2 字节，如果按 ASCII 码形式输出，则占用 5 字节。用 ASCII 码形式输出与字符逐一对应，既便于对字符进行逐个处理，也便于输出字符，但用 ASCII 码形式时一般占用存储空间较多，而且要花费转换时间。用二进制形式输出数据时，可以节省外存空间和转换时间，但二进制形式的 1 字节并不对应一个字符，不能以字符形式直接输出。

8.2　文件的指针

在程序运行的过程中，每个被打开的文件都在内存中开辟一个区域，用来存放文件的相关信息，如文件的名字、文件状态及文件当前位置等。这些信息保存在一个结构体变量中，该结构体由标准库定义，取名为 FILE。在 stdio.h 中包含 FILE 类型的声明，在程序中可以直接使用 FILE 类型名定义变量。例如：

```
FILE  f;
```

定义一个指向 FILE 类型的指针变量的一般形式为：

```
FILE *fp;
```

8.3　文件的打开与关闭

文件在进行读/写操作之前要先打开，使用完毕后要关闭。所谓打开文件，实际上就是建立文件的各种有关信息，并使文件指针指向该文件，以便进行其他操作。关闭文件则是指断开指针与文件之间的联系，也就是禁止再对该文件进行操作。在 C 语言中，文件操作都是由库函数来完成的。

8.3.1　文件的打开

文件的打开利用函数 fopen。
函数 fopen 功能：打开一个指定的文件。
函数 fopen 调用方式：

```
文件指针名= fopen(文件名,使用文件方式);
```

其中，"文件指针名"必须是 FILE 类型的指针变量；"文件名"是被打开文件的文件名，其类型可以是字符串常量或字符串数组；"使用文件方式"是指文件的类型和操作要求（"读"还是"写"等）。使用文件方式对应表如表 8-1 所示。

表 8-1　使用文件方式对应表

使用文件方式	意义
rt	只读打开一个文本文件，只允许读数据
wt	只写打开或建立一个文本文件，只允许写数据
at	追加打开一个文本文件，并在文件末尾写数据

续表

使用文件方式	意义
rb	只读打开一个二进制文件，只允许读数据
wb	只写打开或建立一个二进制文件，只允许写数据
ab	追加打开一个二进制文件，并在文件末尾写数据
r+	读/写打开一个文本文件，允许读和写
w+	读/写打开或建立一个文本文件，允许读和写
a+	读/写打开一个文本文件，允许读，或者在文件末追加数据
rb+	读/写打开一个二进制文件，允许读和写
wb+	读/写打开或建立一个二进制文件，允许读和写
ab+	读/写打开一个二进制文件，允许读，或者在文件末追加数据

例 8-1 以只读方式打开"E：\test.txt"文件（假设文件已经建立完毕）。

① 编程分析。

（a）数据结构。

类型	题目要求	形式语言（C）的表达
数据	文件指针	1 个文件指针（FILE）：fp←NULL

（b）算法。

算法流程	形式语言（C）的表达
以只读方式打开"E：\test.txt"文件	利用函数 fopen 打开指定文件： 文件名"E：\\test.txt" 文件使用只读方式 r
判断打开文件是否成功	通过函数 fopen 的返回值 fp 来判断文件是否打开成功

注意：如果待打开文件不在此 C 程序的项目文件夹下，则文件名必须指定文件所在的路径。由于在 C 语言中以\为转义字符，所以在字符串中需要使用\\来表示路径中的\。

② 程序代码。

程序代码如下：

```c
#include <stdio.h>
void main()
{
    FILE *fp=NULL;
    fp=fopen("E:\\test.txt","r");
    if (fp!=NULL)
    {
        printf("Open sucess!\n");
    }
    else
    {
        printf("Can't open the file!\n ");
    }
}
```

③ 执行结果。

例 8-1 执行结果如图 8-1 所示。

图 8-1 例 8-1 执行结果

④ 程序说明。

（a）文件使用方式由 r、w、a、t、b、+ 这 6 个字符拼成，各字符的含义如下。

r（read）：读；

w（write）：写；

a（append）：追加；

t（text）：文本文件，可省略不写；

b（binary）：二进制文件；

+：读和写。

（b）凡利用 r 打开一个文件时，该文件必须已经存在，且只能从该文件中读出。

（c）利用 w 打开的文件只能向该文件写入。若打开的文件不存在，则以指定的文件名建立新文件；若打开的文件已经存在，则将该文件删除，重新建立一个新文件。

（d）若要向一个已存的文件中追加新的信息，则只能利用 a 方式打开文件。但此时该文件必须是存在的，否则将会出错。

（e）在打开一个文件时，如果出错，则函数 fopen 将返回一个空指针值 NULL。在程序中可以用这个信息来判断是否完成打开文件的工作，并进行相应的处理。

例如：

```
if (fp!=NULL)
{
    …
}
else
 printf("Open error!\n");
```

8.3.2　文件的关闭

在使用完一个文件后应该关闭它，以防止它被误用；"关闭"就是使文件指针变量不指向该文件。

文件的关闭利用函数 fclose。

函数 fclose 功能：关闭一个文件。

函数 fclose 调用方式：

```
fclose(文件指针);
```

其中，文件指针为指向待关闭文件的指针变量。

例 8-2　完善例 8-1，将已成功打开的"E：\test.txt"文件关闭。

程序代码如下：

```
#include <stdio.h>
void main()
{
    FILE *fp=NULL;
    fp=fopen("E://test.txt","r");
    if (fp!=NULL)
    {
        printf("Open sucess!\n");
        fclose(fp);
    }
    else
    {
        printf("Can't open the file!\n");
    }
}
```

8.4 文件的读/写操作

8.4.1 文件的格式化读/写

本书已介绍过简单的格式化输入/输出函数——函数 printf、函数 scanf，本节介绍与其作用相仿的文件格式化读/写函数——函数 fprintf、函数 fscanf，它们之间的区别是，函数 fprintf 和函数 fscanf 的读/写对象不是终端而是磁盘文件。

1. 文件格式化写函数

文件的格式化写利用函数 fprintf。

函数 fprintf 功能：将数据从内存中按照一定格式输出到文件中。

函数 fprintf 调用方式：

```
fprintf(文件指针名,格式字符串,输出表列);
```

其中，"文件指针名"是 FILE 类型的指针变量，"格式字符串"和"输出表列"同函数 printf。

注意：该函数的定义在 stdio.h 文件中。

例 8-3 在程序中输入三个学生的姓名与成绩，并将输入结果写入文件"E：\test.txt"中。

① 编程分析。

（a）数据结构。

类型	题目要求	形式语言（C）的表达
数据	文件指针	1 个文件指针（FILE）：fp←NULL
数据	存放通过键盘输入的学号和成绩	1 个字符型（char）数组：name[30] 1 个实型（float）变量：score
数据	循环变量	1 个整型（int）变量：i

（b）算法。

算法流程	形式语言（C）的表达
通过读/写方式打开"E：\test.txt"文件	利用函数 fopen 打开指定文件： 　　文件名 "E：\\test.txt" 　　文件使用读/写方式 r+
判断文件是否打开成功	利用函数 fopen 的返回值 fp 来判断文件是否打开成功
如果文件打开成功，则通过键盘输入 3 个学生的姓名与成绩，并将输入结果写入文件 "E：\test.txt"中	
如果文件打开成功，则关闭文件	fclose（fp）
如果文件打开不成功，则输出提示	利用函数 printf 在屏幕上输出文件打开不成功的提示

② 程序代码。

程序代码如下：

```c
#include <stdio.h>
void main()
{
    char name[30];
    float score;
    FILE *fp=NULL;
    fp=fopen("E:\\test.txt","r+");
    if (fp!=NULL)
    {
        printf("Open sucess!\n");
        for (int i=0;i<3;i++)
        {
            printf("Please input name and score:");
            scanf("%s%f",name,&score);
            fprintf(fp, "%s %f\n",name,score);
        }
        fclose(fp);
    }
    else
    {
        printf("Can't open the file!\n");
    }
}
```

③ 执行结果。

例 8-3 执行结果如图 8-2 所示。

 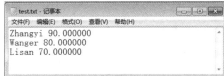

（a）执行结果　　　　　　　　　　（b）在文件中写入的内容

图 8-2　例 8-3 执行结果

2. 文件格式化读函数

文件的格式化读利用函数 fscanf。

函数 fscanf 功能：从文件中按照一定格式读取数据到指定变量中。

函数 fscanf 调用方式：

```
fscanf(文件指针名,格式字符串,输入表列);
```

其中，"文件指针名"是 FILE 类型的指针变量，"格式字符串"和"输入表列"同函数 scanf。

注意：该函数的定义在 stdio.h 文件中。

例 8-4　将例 8-3 中文件"E：\test.txt"中的数据输出到屏幕上。

① 编程分析。

（a）数据结构。

类型	题目要求	形式语言（C）的表达
数据	文件指针	1 个文件指针（FILE）：fp←NULL
数据	存放文件中读出的字符串和实数	1 个字符型（char）数组：name[30] 1 个实型（float）变量：score
数据	循环变量	1 个整型（int）变量：i

（b）算法。

算法流程	形式语言（C）的表达
利用读/写方式打开"E：\test.txt"文件	利用函数 fopen 打开指定文件： 　　文件名"E：\\test.txt" 　　文件使用读/写方式 r+
判断文件打开是否成功	利用函数 fopen 的返回值 fp 来判断文件打开是否成功
如果打开文件成功，则读取数据并输出到屏幕上	i=0 No　i<3 Yes name,score(fscanf) name,score(printf) i++
如果文件打开成功，则关闭文件	fclose（fp）
如果文件打开不成功，则输出提示	利用函数 printf 在屏幕上输出文件打开不成功的提示

② 程序代码。

程序代码如下：

```c
#include <stdio.h>
void main()
{
    FILE *fp=NULL;
    fp=fopen("E:\\test.txt","r+");
    if (fp!=NULL)
    {
        printf("Open sucess!\n");
        char name[30];
        float score;
        for (int i=0;i<3;i++)
        {
            fscanf(fp, "%s%f",name,&score);
            printf("%s  %f\n",name,score);
        }
        fclose(fp);
    }
    else
    {
        printf("Can't open the file!\n");
    }
}
```

③ 执行结果。

例 8-4 执行结果如图 8-3 所示。

图 8-3　例 8-4 执行结果

注意：本例从文件中读取数据时，事先是知道数据的数量与类型的。但是，大多数实际应用中，是无法事先知道文件中数据的具体情况的，需要在处理时判断文件是否结束。

3. 判断文件结束函数

判断文件结束利用函数 feof。

函数 feof 功能：检测文件流上的文件结束符，如果文件结束，则返回非 0，否则返回 0。

函数 feof 调用方式：

```c
int feof(文件指针名);
```

其中，"文件指针名"是 FILE 类型的指针变量。

注意：该函数的定义在 stdio.h 文件中。

例 8-5　将例 8-3 文件 "E：\test.txt" 中的数据输出到屏幕上（要求自动判断文件是否结束）。

① 编程分析。

（a）数据结构。

类型	题目要求	形式语言（C）的表达
数据	文件指针	1 个文件指针（FILE）：fp←NULL
数据	存放文件中读出的字符	1 个字符型（char）变量：c

（b）算法。

算法流程	形式语言（C）的表达
利用读/写方式打开"E：\test.txt"文件	利用函数 fopen 打开指定文件： 文件名"E：\\test.txt" 文件使用读/写方式 r+
判断文件是否打开成功	通过函数 fopen 的返回值 fp 来判断文件是否打开成功
如果文件打开成功，则读取数据并输出到屏幕上	
如果文件打开成功，则关闭文件	fclose（fp）
如果文件打开不成功，则输出提示	利用函数 printf 在屏幕上输出文件打开不成功的提示

② 程序代码。

程序代码如下：

```
#include <stdio.h>
void main()
{
    FILE *fp=NULL;
    fp=fopen("E:\\test.txt","r+");
    if (fp!=NULL)
    {
        printf("Open sucess!\n");
        char c;
        fscanf(fp,"%c",&c);
        while (feof(fp)==0)
        {
            printf("%c",c);
            fscanf(fp,"%c",&c);
        }
        fclose(fp);
    }
    else
    {
        printf("Can't open the file!\n");
    }
}
```

③ 执行结果。

例 8-5 执行结果如图 8-4 所示。

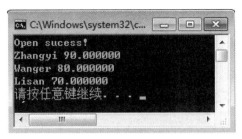

图 8-4 例 8-5 执行结果

例 8-6 趣味程序（文件阅读器）。在屏幕上输入文件名（包含文件的绝对路径），然后打开文件，缓速输出文件内容。

① 编程分析。

（a）数据结构。

类型	题目要求	形式语言（C）的表达
数据	文件指针	1 个文件指针（FILE）：fp←NULL
输入数据	输入文件名（包含文件的绝对路径）	1 个字符型（char）数组：filename[100]
数据	存放文件中读出的字符	1 个字符型（char）变量：c

（b）算法。

算法流程	形式语言（C）的表达
利用读/写方式打开输入的文件	利用函数 fopen 打开指定文件： 文件名 filename 文件使用读/写方式 r+
判断文件是否打开成功	通过函数 fopen 的返回值 fp 来判断文件是否打开成功
如果文件打开成功，则读取数据并输出到屏幕上	c(fscanf) feof(fp) Yes / No c(printf) Sleep c(fscanf)
如果文件打开成功，则关闭文件	fclose（fp）
如果文件打开不成功，则输出提示	利用函数 printf 在屏幕上输出文件打开不成功的提示

注意：调用函数 Sleep 将程序挂起一段时间，然后继续读取，并将文件内容显示到屏幕上，以实现缓速输出。

② 程序代码。

程序代码如下:

```c
#include <stdio.h>
#include <windows.h>

void main(void)
{
    printf("请输入要打开的文件名(包含文件的绝对路径),如 E:\\test.txt\n");
    char filename[100];
    scanf("%s",filename);

    FILE *fp=NULL;
    fp=fopen(filename,"r");
    if (fp==NULL)
    {
        printf("Open file error:%s\n",filename);
    }
    else
    {
        char c;
        /*输出文件内容*/
        fscanf(fp,"%c",&c);
        while (!feof(fp))
        {
            printf("%c",c);
            Sleep(100);
            fscanf(fp,"%c",&c);
        }
        printf("\n");
        fclose(fp);
    }
}
```

③ 执行结果。

例 8-6 执行结果如图 8-5 所示。

图 8-5　例 8-6 执行结果

8.4.2　文件的随机读/写

文件中有一个位置指针用于指向当前读/写的位置。如果顺序读/写一个文件，则每次读/写一个字符后，该位置指针自动移动，以指向下一个字符位置。如果文件很大，则需要跳过某些区域，强制使位置指针指向某一指定的位置，以实现文件的随机读/写。

（1）函数 rewind。

功能：使位置指针重新返回文件的开头位置。

调用方式：

```
void rewind (文件指针);
```

注意：该函数的定义在 stdio.h 文件中。

例 8-7　有一个磁盘文件，要求首先将它的内容显示在屏幕上，然后把它复制到另一个文件中。

① 编程分析。

（a）数据结构。

类型	题目要求	形式语言（C）的表达
数据	文件指针	2 个文件指针（FILE）： 原文件指针 fp←NULL 备份文件指针 fcopy←NULL
数据	存放文件中读出的字符	1 个字符型（char）变量：c

（b）算法。

算法流程	形式语言（C）的表达
通过只读方式打开原文件	通过函数 fopen 打开原文件： 　　文件名 "E：\\poem.txt" 　　文件使用只读方式 "r"
判断文件是否打开成功	通过函数 fopen 的返回值 fp 来判断文件是否打开成功
如果原文件打开成功，则读取数据并输出到屏幕上	
调用函数 rewind，将原文件指针指向文件开头	rewind（fp）
通过写方式打开一个新文件	利用函数 fopen 打开新文件： 　　文件名 "E：\\poemcp.txt" 　　文件使用写方式 "w"

算法流程	形式语言（C）的表达
读取原文件内容，并写入新建的文件中	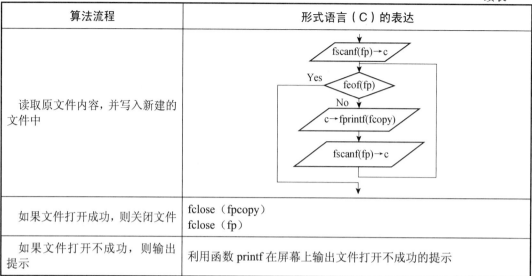
如果文件打开成功，则关闭文件	fclose（fpcopy） fclose（fp）
如果文件打开不成功，则输出提示	利用函数 printf 在屏幕上输出文件打开不成功的提示

② 程序代码。

程序代码如下：

```
#include <stdio.h>
void main()
{
    FILE *fp=NULL;
    fp=fopen("E:\\poem.txt","r");
    if (fp!=NULL)
    {
        /*输出文件内容到显示器上*/
        printf("Open sucess!\n");
        char c;
        fscanf(fp,"%c",&c);
        while (feof(fp)==0)
        {
            printf("%c",c);
            fscanf(fp,"%c",&c);
        }
        /*复制文件*/
        rewind(fp);
        FILE *fpcopy=NULL;
        fpcopy=fopen("E:\\poemcp.txt","w");
        if (fpcopy!=NULL)
        {
            fscanf(fp,"%c",&c);
            while (!feof(fp))
            {
                fprintf(fpcopy,"%c",c);
                fscanf(fp,"%c",&c);
            }
            printf("\nFile copy completed!\n");
            fclose(fpcopy);
        }
        else
```

```
    {
        printf("Can't copy file\n");
    }
    fclose(fp);
}
else
{
    printf("Can't open the file!\n");
}
}
```

③ 执行结果。

例 8-7 执行结果如图 8-6 所示。

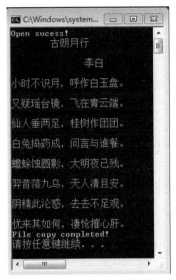

图 8-6　例 8-7 执行结果

（2）函数 fseek。

功能：强制使位置指针指向某一指定的位置。

调用方式：

```
int fseek(文件类型指针,位移量,起始点);
```

其中，"起始点"取值 0、1、2，0 表示文件开始位置，1 表示当前位置，2 表示文件末尾位置；"位移量"是以"起始点"为基点，向前移动的字节数。

注意：该函数的定义在 stdio.h 文件中。

（3）函数 ftell。

功能：得到文件指针中的当前位置，用相对于文件开头的位移量来表示。

调用方式：

```
long ftell(文件类型指针);
```

利用该函数可以获取文件的长度（字节数）。

注意：该函数的定义在 stdio.h 文件中。

例 8-8 求文件 "e：\test.txt" 的字节数。

① 编程分析。

（a）数据结构。

类型	题目要求	形式语言（C）的表达
数据	文件指针	1 个文件指针（FILE）：fp←NULL
输出数据	文件的字节数	1 个长整型（long）变量：ls

（b）算法。

算法流程	形式语言（C）的表达
利用只读方式打开指定的文件	利用函数 fopen 打开指定文件： 　文件名 "E：\\test.txt" 　文件使用只读方式 r
判断文件是否打开成功	通过函数 fopen 的返回值 fp 来判断文件是否打开成功
如果文件打开成功，则调用函数 fseek，将文件指针移动到文件结尾处	fseek(fp,0,2)
调用函数 ftell，求自文件开头位置到文件结尾处的偏移量，即文件的大小（字节数）	ls←ftell（fp）
输出文件字节数	利用函数 printf 输出 ls
如果文件打开成功，则关闭文件	fclose（fp）
如果文件打开不成功，则输出提示	利用函数 printf 在屏幕上输出文件打开成功的提示

② 程序代码。

程序代码如下：

```c
#include <stdio.h>
void main()
{
    FILE *fp=NULL;
    fp=fopen("E:\\test.txt","r+");
    if (fp!=NULL)
    {
        printf("Open sucess!\n");
        fseek(fp,0,2);
        long ls=ftell(fp);
        printf("The size of e:\test.txt is %dB\n",ls);
        fclose(fp);
    }
    else
    {
        printf("Can't open the file!\n");
    }
}
```

③ 执行结果。

例 8-8 执行结果如图 8-7 所示。

图 8-7 例 8-8 执行结果

课 后 练 习

一、选择题

（1）下列语句中，将 C 定义为文件型指针的是_____。

A. FILE *c；   B. file c；   C. FILE c；   D. file *c；

（2）FILE 是在_____头文件中定义的。

A. string.h   B. stdio.h   C. math.h   D. file.h

（3）函数 fscanf 的正确调用形式是_____。

A. fscanf（fp，格式字符串，输出表列）；

B. fscanf（格式字符串，输出表列，fp）；

C. fscanf（格式字符串，文件指针，输出表列）；

D. fscanf（文件指针，格式字符串，输入表列）；

（4）若要用函数 fopen 打开一个新的二进制文件，且需要该文件既能读也能写入，则使用文件方式应是_____。

A. wb+   B. ab   C. rb   D. ab+

附录 A　课后练习参考答案

第 1 章

一、填空题

（1）主函数（或 main 函数）、两　（2）主（或 main）　（3）分（或;）

二、判断题

（1）对　（2）错

第 2 章

一、选择题

（1）B　（2）A、B、C、F、H　（3）A、C、E、F、G、H、I　（4）C　（5）A
（6）B、C、D、E、F

二、填空题

（1）数字、字母、下画线（顺序可交换）、下画线　（2）double a，b;　（3）E
（4）20　（5）24、10、60、0、0、0　（6）6

三、判断题

（1）对　（2）对　（3）错

第 3 章

一、判断题

（1）对　（2）对　（3）对　（4）对　（5）错　（6）对　（7）错　（8）对

二、填空题

（1）cb　（2）10，20，30　（3）6，8　（4）a>=10||a<=0　（5）1　（6）3　（7）5

三、选择题

（1）A　（2）A　（3）D　（4）D　（5）A　（6）A　（7）D　（8）A　（9）B
（10）B

四、程序填空

（1）max=a;（2）max=b;（3）max<c、c>max、max<=c 或 c>=max

第4章

一、选择题

（1）A　（2）C　（3）C　（4）B　（5）D　（6）A　（7）A

二、判断题

（1）错　（2）对　（3）错　（4）对　（5）对

三、填空题

（1）0　（2）30

第5章

一、选择题

（1）B　（2）D　（3）A　（4）C　（5）D　（6）C

二、判断题

（1）错　（2）对　（3）对　（4）对　（5）错　（6）对

第6章

一、选择题

（1）C　（2）C　（3）C　（4）A　（5）B　（6）D

二、判断题

（1）错　（2）对　（3）错　（4）对　（5）错

第7章

一、选择题

（1）B　（2）C　（3）A　（4）A　（5）A

二、填空题

120、4

第8章

一、选择题

（1）A　（2）B　（3）D　（4）A